《中国大百科全书》普及版

KUNCHONGSHIJIE WOMENSHENBIANDEKUNCHONG

昆虫视界

我们身边的昆虫 【动物卷】

中国大百科全书出版社

图书在版编目（CIP）数据

昆虫视界：我们身边的昆虫／《中国大百科全书》普及版编委会编.—北京：中国大百科全书出版社，2018.12

（中国大百科全书：普及版）

ISBN 978-7-5202-0371-5

Ⅰ.①昆… Ⅱ.①中… Ⅲ.①昆虫-普及读物 Ⅳ.①Q96-49

中国版本图书馆CIP数据核字（2018）第266963号

总 策 划：刘晓东　陈义望

策划编辑：徐君慧

责任编辑：徐君慧

责任印制：邹景峰

出版发行：中国大百科全书出版社

地　　址：北京阜成门北大街17号　　邮编：100037

网　　址：http：//www.ecph.com.cn　　Tel：010-88390718

图文制作：北京华艺创世印刷设计有限公司

印　　刷：北京美图印务有限公司

字　　数：123千字

印　　数：1～3000

印　　张：8

开　　本：710mm×1000mm　1/16

版　　次：2018年12月第1版

印　　次：2018年12月第1次印刷

书　　号：ISBN 978-7-5202-0371-5

定　　价：25.00元

前言

《中国大百科全书》是国家重点文化工程，是代表国家最高科学文化水平的权威工具书。全书的编纂工作一直得到党中央国务院的高度重视和支持，先后有三万多名各学科各领域最具代表性的科学家、专家学者参与其中。1993年按学科分卷出版完成了第一版，结束了中国没有百科全书的历史；2009年按条目汉语拼音顺序出版第二版，是中国第一部在编排方式上符合国际惯例的大型现代综合性百科全书。

《中国大百科全书》承担着弘扬中华文化、普及科学文化知识的重任。在人们的固有观念里，百科全书是一种用于查检知识和事实资料的工具书，但作为汲取知识的途径，百科全书的阅读功能却被大多数人所忽略。为了充分发挥《中国大百科全书》的功能，尤其是普及科学文化知识的功能，中国大百科全书出版社以系列丛书的方式推出了面向大众的《中国大百科全书》普及版。

《中国大百科全书》普及版为实现大众化和普及化的目标，在学科内容上，选取与大众学习、工作、生活密切相关的学科或知识领域，如文学、历史、艺术、科技等；在条目的选取上，侧重于学科或知识领域的基础性、实用性条目；在编纂方法上，为增加可读性，以章节形式整编条目内容，对过专、过深的内容进行删减、改编；在装帧形式上，在保持百科全书基本风格的基础上，封面和版式设计更加注重大众的阅读习惯。因此，普及版在充分体现知识性、准确性、权威性的前提下，增加了可读性，使其兼具工具书查检功能和大众读物的阅读功能，读者可以尽享阅读带来的愉悦。

百科全书被誉为“没有围墙的大学”，是覆盖人类社会各学科或知识领域的知识海洋。有人曾说过：“多则价谦，万物皆然，唯独知识例外。知识越丰富，则价值就越昂贵。”而知识重在积累，古语有云：“不积跬步，无以至千里；不积小流，无以成江海。”希望通过《中国大百科全书》普及版的出版，让百科全书走进千家万户，切实实现普及科学文化知识，提高民族素质的社会功能。

2013年6月

目录

第一章　昆虫界最庞大的家族——鞘翅目昆虫

鞘翅目为昆虫纲有翅昆虫一目。又称甲虫，俗称甲壳虫。一生经过卵、幼虫、蛹至成虫 4 个发育阶段，属于全变态昆虫。由于前翅硬化，与前胸背板一起共同形成上面保护鞘（或壳），故有“鞘翅目”之名，是昆虫纲中最大的目，世界已知约 35 万种，约占世界已知昆虫总数的 1/3，下分 4 亚目、22 总科、135 科。中国已知约 10000 种，分隶 17 总科、105 科。常见代表有金龟子、隐翅虫、蚁甲、花蚤、瓢虫（花大姐）、天牛、萤火虫、水龟虫、叶甲（金花虫）、象鼻虫（象甲）、步甲等。

鞘翅目昆虫体壁坚硬。触角通常 11 节，丝状、棒状、锯齿状、栉齿状、念珠状、鳃叶状或膝状。咀嚼式口器，由上唇、上颚、下颚和下唇组成。复眼较发达，有的退化或消失，有的分裂为上下两个，如水生的豉甲科。少数甲虫有一对单眼，如有些 Omalinae 种类；或仅中央一个单眼，如有些皮蠹。前胸发达，前翅硬化成为鞘翅，无翅脉，翅面多有刻点行，静止时覆在背上，盖着中后胸以及大部或全部腹节（中胸小盾片一般均外露），鞘翅外侧向腹面弯折的部分称为缘折，缘折有宽有窄。后翅膜状，一般很大，用于飞行，静止时纵横折叠藏于鞘翅之下，在不同类群中有不同的折叠方式；在沙漠或高山上生活的甲虫，有的后翅退化或完全消失。如荒漠中的某些拟步甲、喜马拉雅山的短翅芫菁、大步甲属后翅消失，觅葬甲科的 *Necrophilus* 属后翅退化，它们都不再能飞行。有的后翅为羽毛状，如缨甲科，后缘饰有很长的毛，与缨翅目的翅相似。腹部 10 节，从外面一般仅能看到 7～8 节背板和 5～7 节腹板；末节背板一般较坚硬，称为臀板。足具有各种形态变异，适于疾走、游泳、跳跃、挖掘或攫取；3 对足，前、中、后足的跗节数目多变化，原始节数为 5 节，即 5-5-5 式，有的减少为 4 节、3 节、2 节或 1 节，有的甚至完全消失。如金龟子亚科某些种类的前足跗节消失；有时 3 对足的跗节数目可不一致，如 5-5-4 式或 4-4-3 式，人们用来作为分大类或分科的特征。爪一般 1 对，有的只具单爪，如蚁甲科和象虫科的某些种类。爪有单齿式，即简单的 1 对爪；附齿式，即每个爪的基部有 1 个片状齿；双齿式，即每片爪纵裂为二。有的爪的内缘生有一列梳状齿，如朽木甲科和芫菁科的某些类群爪具栉齿。雌虫产卵管一般由第 9 腹节延伸而成，雄外生殖器主要由阳茎和阳基两部分组成，均是种类鉴定的重要依据。

甲虫的身体大小差异也很大，最小的如缨甲科的 *Nephanes titan*，体长仅 0.25 毫米，最大的如天牛科的 *Macrodontia cervicornis*，包括上颚在内，长达 155 毫米。雌雄两性腹末节腹板、足、触角、头、胸、喙等形态均有差异，体型大小也不同。一般雄虫的形态多变异，雌虫变异较少。

幼虫分头部、胸部（3 节）和腹部（10 节）。头部两侧各有单眼 1～6 个，触角 3 节，口器咀嚼式。胸部一般有胸足 3 对，跗节上有爪 1 对。腹部无腹足，一般在第 9 节背板上有 1 对骨化的尾突（与尾须同源），第 10 节无附肢。气门呈环形，共 9 对，第 1 对着生于前胸与

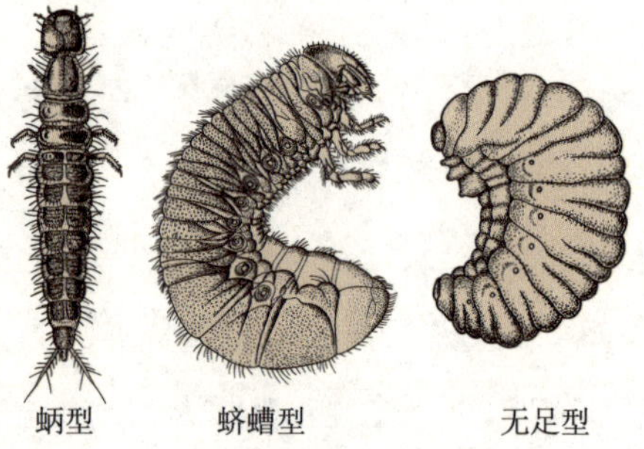

鞘翅目幼虫

中胸之间，其余 8 对着生于腹部第 1 ～ 8 节上。体型有蛃型、蛴螬型和无足型。

鞘翅目是昆虫纲中分布最广的一目。除海洋外，陆地、空中和各种水域均有分布，尤以陆生种类最多。它们具有十分广泛的适应性，能在各种不同的生境下（如沙漠、森林、草原、洞穴、高山以及温泉、盐咸水、沼泽或海岸地带）生活。有的寄生于其他昆虫的体内，有的寄生于哺乳动物的体外，有的在动物粪便、尸体、枯枝落叶层或土壤中生活，也有的寄居在鸟类或鼠类的巢穴中，或寄居于某些社会性昆虫（如蚁类或蜂类）的巢内，还有的是仓库害虫。本目中广布的有隐翅虫总科、步甲总科、叶甲总科、金龟子总科和象虫总科。虎甲科、吉丁科、天牛科和锹甲科主要分布于热带地区。有些科的分布范围很有限，如水生的两栖甲科仅分布于中国四川和吉林，以及北美洲。在仓库害虫中有 100 多个种为世界性分布。

甲虫的食性很复杂，包括腐食性、粪食性、尸食性、植食性、捕食性和寄生性等。植食性甲虫很多是农林害虫，如金龟子总科幼虫也称蛴螬，是重要的地下害虫，在中国严重为害的有异丽金龟属和齿爪鳃金龟属。天牛科中的大害虫有星天牛、家茸天牛、粗鞘双条杉天牛、蔗根天牛等。叶甲总科的成虫和幼虫都是植食性，主要害虫有为害水稻的水稻负泥虫和水稻铁甲，为害柑橘的恶性叶甲等。马铃薯甲虫在欧洲和北美是马铃薯的大害虫，为重要的国际检疫对象。在象虫总科中，中国有玉米象、米象和谷象，为害粮食和种子，是仓库害虫中的毁灭性种类；甘薯小象虫是甘薯的重要害虫。在北美和中美严重为害棉花的棉铃象虫是重要的国际检疫对象。在仓库害虫中，皮蠹科的谷斑皮蠹为害谷类、豆类、花生、油料植物加工品和动物性食品等，其幼虫抗药性强，是重要的国际检疫对象。此外，豆象科的蚕豆象和豌豆象也是中国重要的仓库害虫和检疫对象。拟步甲科中的黄粉虫、黑粉虫、杂拟谷盗和赤拟谷盗等都是重要的储粮害虫。

捕食性甲虫大多是害虫的天敌，在农林生态系统和自然生态系统中发挥重要的调节作用，如隐翅虫科、瓢虫科、步甲科和虎甲科等。瓢虫科中的澳洲瓢虫是有很大经济价值的天敌昆虫，中国已从大洋洲引进以防治吹绵蚧；隐唇瓢虫原分布于印度至澳大利亚，中国也曾引进以防治介壳虫。步甲科中重要的种类如中华广肩步甲和赤胸步甲捕食黏虫和切根虫等鳞翅目幼虫，捕食率很高；广屁步甲捕食能力也很强，尤喜捕食蝼蛄和它的卵。在虎甲科中，中国常见的种类有中国虎甲、多型虎甲红翅亚种和铜翅亚种、月斑虎甲和金斑虎甲等均为蝗虫的天敌昆虫。

有些甲虫具有医药价值，其中应用较广的有芫菁科的斑芫菁属、绿芫菁属、豆芫菁属和短翅芫菁属，其成虫能分泌芫菁素（又称斑蝥素），很早就在医药上应用，李时珍的《本草纲目》有记载，中国用它来治疗某些癌症；粪金龟科紫蜣螂的干燥成品有镇惊、破瘀止痛、攻毒通便等功能，在中药中应用；象虫科蚊母草直喙象的雌虫产卵于蚊母草或水苦荬的子房中，随着幼虫的发育，子房发育为虫瘿，有虫瘿的蚊母草可以入药，有止血、活血、消肿、止痛的功能。

所知鞘翅目化石最早记录见于古生代早二叠世。自中生代起，鞘翅目逐渐成为昆虫纲的优势类群，现在是昆虫纲中最大的目。关于它的起源，多数分类学家认为是来自脉翅类。例如，A. 拉梅尔（1933）、A.B. 马丁诺夫（1931、1932）、R. 让内尔（1949）和 R.A. 克劳森（1960、1981）分别根据全变态类成虫和幼虫的比较形成以及各地质时期的化石甲虫的脉相，提出鞘翅目与脉翅类中的广翅目十分近缘，二者渊源于共同的祖先。中国科学家在甘肃白垩纪地层中发现的弯脉玉门甲，也支持这一观点。

关于鞘翅目的分类，各家的见解不一。一般分为 2 ～ 4 个亚目、20 ～ 22 个总科。现代分类系统的奠基人 L. 冈尔鲍尔（1903）将此目分为 2 个亚目，即肉食亚目和多食亚目。W.T.M. 福布斯（1926）增加了一个原鞘亚目。后来，R.A. 克劳森（1955）又增加一个藻食亚目。R.A. 克劳森（1960）认为鞘翅目在进化的过程中分化为 3 支，一支是肉食性的肉食亚目，一支是在树皮下生活的原鞘亚目，一支是多食亚目，而藻食亚目是多食亚目的一个分支。

[一、扁圆甲科]

昆虫纲鞘翅目一科。体长 4～6 毫米，卵圆形，背面和腹面稍隆凸。光滑、黑色、闪金属光。

头部比前胸背板窄很多，极度下弯。触角 11 节，有紧缩在一起的 3 节端锤，非膝状，第一节相对较短。前胸腹板在基节之前很短，在基节间的突起部分极狭。前足基节很大，横形，稍突起，基腹连片部分露出。中足基节分隔比较狭窄。鞘翅平截，腹末尾露出一节背板；鞘翅面刻点行不规则，每翅 9 或 10 行。后胸腹板短，后足基节相互靠近，侧边与鞘翅相遇。后胸腹内骨为一宽柄状骨。后翅有一大肘中环，足外侧有刺。跗节有一具双毛的爪间突。臀板发达、垂直。雄器基片小，侧叶部分合生。

头部无头盖缝干，侧臂发达，在基部相互远离。单眼不明显。上颚基部突然扩宽，下颚的轴节和茎节不完全融合，额与头壳之间由一膜质缝分隔，腹节背板有两横列小骨片；第 9 节背板附生尾须，尾须 4 节。

此科仅 *Sphaerites* 1 属，记录有 5 种，发现于北欧、北美西北部和中国。已知成虫取食桦树渗出的液汁。幼虫发生在浸渍了桦木液汁的土表层，也可能捕食蛆。

[二、步甲科]

昆虫纲鞘翅目肉食亚目的一科。又称步行虫科。通称步甲、步行虫。头部唇基狭于触角窝间距，适于爬行，故有此名。世界已知约 2.6 万种，中国已记载 1750 种以上。

成虫体长 1～60 毫米，一般中等大小，色泽幽暗，多为黑色、褐色，常带金属光泽，少数色鲜艳，有黄色花斑；体表光洁或被疏毛，有不同形状的微细刻纹。前口式，头部一般比前胸背板稍狭，上颚基部外侧有凹槽，复眼突出，洞居类群复眼常退化或消失。前胸背板接近方形，宽过于长，少数类群狭长呈筒形。前、中胸之间活动自如，中、后胸各有翅 1 对，同一种后翅常有长翅和短翅 2 型。鞘翅长度一般盖过腹末端。此科容易与虎甲科和伪步甲科混淆。但是虎甲科唇基的宽度大于触角窝之间距，幼虫腹部第 5 节背面有钩；而伪步甲科的区别是：伪步甲科的后足跗节只有 4 节，幼虫第 9 腹节无尾叉。

成虫不善飞翔，地栖性，多在地表活动，行动敏捷，或在土中挖掘隧道，喜潮湿土壤或靠近水源的地方。白天一般隐藏于木下、落叶层、树皮下、苔藓下或洞穴中；有趋光性和假死现象。在热带和亚热带地区，于植株上活动的种类较多。成虫、幼虫多以蚯蚓、钉螺、蜘蛛等小昆虫以及软体动物为食，有些种类只取食动物的排泄物和腐殖质。生活史比较长，一般 1 ～ 2 年完成 1 代，以成虫或幼虫过冬。卵一般单产在土中。幼虫有 3 龄，老熟幼虫在土室中化蛹。

世界各国一般都分为 8 个亚科，中国有 Cicindelinae、Paussinae、Omophroninae、Carabinae、Brachinae 5 个亚科。

主要种类有中华广肩步行虫、赤胸步甲、毛青步甲、黄缘步甲、短鞘步甲、艳大步甲、中华通缘步甲和绿光通缘步甲等。

步甲科种的分布极广，各类群间的分化比较明显，是研究动物地理的理想对象。此外，步甲大多为捕食性，在自然界生物平衡及消灭害虫方面起着一定作用。中国的金星步甲大量捕食鳞翅目幼虫，是黏虫等害虫的重要天敌。20 世纪初，美国曾从欧洲输入一种步甲，以防治自该地区引入的毒蛾科害虫。但在另一方面，步甲也有可能成为危险的害虫，例如，在饲养柞蚕的地区，它们大量捕食柞蚕幼虫和蛹，欧洲的距步甲是该地区玉米幼苗的著名害虫；毛婪步甲和谷婪步甲在中国北方一些地区严重危害谷类作物。又如中华广肩步行虫既是鳞翅目害虫的天敌，又是柞蚕的敌害。

[三、长扁甲科]

昆虫纲鞘翅目的一科。长扁形中型甲虫。鞘翅刻纹网格状，后翅脉序肉食甲型，静止时端部旋卷。跗节5节。有6属25种，主要分布于古北界东部、东洋界北部、非洲界、新热带界和大洋洲界；中国已知1属3种，分布于东北、华北和华中各省、自治区。

长扁甲生活于朽木内或活树的枯死茎干内，以菌类为食。成虫体形扁长，中等大小，体表密被细小鳞片。头小，具大的瘤突；复眼圆形，突出；上唇很短，前缘密被毛；下颚须4节，末节呈斧形；触角着生于额的前方，11节，宽扁或略呈锯齿形，端节尖狭。前胸背板方形，背板与侧板之间有明显的背侧缝。鞘翅扁平，两侧平行，盘区呈网格状构造，刻点方形，呈整齐的双行排列，具几条隆起的纵脊。后翅翅脉肉食甲型，有小翅室和12条横脉，纵脉常规型，静止时翅端成螺旋状卷曲。腹部5节，第1、2节愈合，第5节最长。足细短，跗节5节，爪简单。

中国的1属3种是：灰纹长扁甲、台湾长扁甲和短角长扁甲，分布于福建。

[四、长蠹科]

昆虫纲鞘翅目的一科。长筒形，暗色，前胸背板风帽状，完全遮盖头部，幼虫蛀木。有60属400种，分布世界各地。中国已知有30余种。除寒带外，各地都有分布，大多数种类在高温高湿地区。可依靠木材、竹材、贮粮的运输传播他处。

长蠹为已枯木材、竹材、贮粮的重要害虫，也是建筑用和家具用的木、竹材的重要害虫，少数危害活树的枝干。中国淮河以南地区的谷蠹是仓储稻谷的大害虫，亦钻蛀木板，危害小麦、书籍等。竹蠹是竹材与竹器的重要害虫，亦危害藤器、木材、谷物和薯干。电缆长蠹属种类能咬坏电缆的铅皮。

体小到大型，长圆筒形，黑色，浅褐至深褐色。触角短，8～10节，末端球杆部3节。前胸背板前半部有小齿和棘状突起。鞘翅末端急剧向下倾斜，周缘具棘状和角状突起。腹板5节，第1节长。足短，跗节5节，第1节很小。幼虫蛴螬型。胸部发达，眼缺，触角4节，足较发达。

长蠹1年发生1代至数代，因地区而异。成虫侵入木材与长轴平行，或沿年轮穿孔。在端处产卵，孵化后的幼虫向各个方向穿孔，在终端处化蛹，羽化后穿孔外出另觅寄主。

竹长蠹

昆虫纲鞘翅目长蠹科的一种。害虫。又称竹蠹。幼虫危害竹材及藤类，成虫危害竹材。被害竹材常蛀成许多孔洞，从洞口排出粉屑，严重时被害物全部变成粉末，是竹材、竹制品及竹建筑物的重要害虫。分布于中国淮河以南各竹产区，印度、缅甸、泰国、马来西亚、印度尼西亚、菲律宾、日本、美国、巴西、英国、德国、智利、坦桑尼亚等国也有分布。

幼虫体长3～4毫米，乳白色，末端有多而明显的黄褐色粗毛；蛹近似纺锤形，乳白色；成虫长圆筒形，体长3毫米，全身赤褐色，有光泽，头隐于前胸下，触角末3节膨大，前胸背板前半部有许多齿突；鞘翅着生许多刻点和刚毛。

在中国南方一般1年发生3代，以幼虫、蛹、成虫在蛀道中越冬，翌年3～5月成虫外出交配、产卵。第1代发生于3～7月，第2代发生于6～9月，第3代发生于8月到次年3～5月。成虫喜隐藏在孔隙、裂缝等阴暗处，雌虫交尾后，常在寄主的导管孔口和边缘或缝隙中产卵。幼虫4龄，蛀食竹纤维。被害竹材常被蛀食成纵横交错坑道并排出粉状排泄物，最后在坑道末端做蛹室化蛹。一般毛竹、水竹受害重，嫩竹虫害多。

防治方法：砍伐用竹尽量选4年生以上老竹，砍伐时间最好在秋季；竹材砍下可用温水加铜铬硼合剂浸泡或用溴甲烷等熏蒸处理。

[五、长阎甲科]

昆虫纲鞘翅目的一科。此科只有1属7种，中国有3种，其他发现于墨西哥、日本和印度。

体长12～25毫米。体形长，较宽，从稍隆凸到轻度平扁，有多种变化。光滑无毛，黑色或金属蓝色。头部宽，前口式。触角11节，端锤由3节组成，紧缩在一起。触角膝状，第1节延长。上唇与唇基合生在一起。上颚向前极度突出。咽缝分离。前胸腹板在前足基节之前比较长，在基节之间有一狭窄下折的突出。基节窝后方关闭。前足基节大而突起，横形，基腹连片隐藏，中胸腹板发达，中足基节的分隔不十分狭窄。鞘翅横截，外露一腹节，有时有刻点线。后足基节相互靠近，侧向不与鞘翅相遇。后翅有一极窄的肘中环。后胸腹内骨为一宽柄状骨。胫节沿外侧有齿，跗节有一具双毛的爪间突。臀板发达。雄器有一小的基片和部分合和生的侧叶。

幼虫与阎甲科相似。头盖缝干短，侧臂除第一龄幼虫外不明显。单眼不明显。轴节与额合生在一起，它们通过一个膜质缝与头壳分开。颈腹板，有3个骨片。腹部第1～8节各有3个微刺组成的横行，其中之一在中部不完整；第9腹节上有分4节的尾须。

[六、豆象科]

昆虫纲鞘翅目一科。有6亚科，约1000种。分布于世界各地。中国记载有10属，40多种。中小型，卵圆形；触角锯齿状；头略伸长，体覆鳞片；鞘翅短，尾端外露，跗节假4节型的甲虫通称豆象。

此科昆虫主要为害豆科植物的种子，仅中南美地区的*Caryoborus*属与*Caryobruchus*属中的数种食害椰子和棕榈的坚果。大多数种类在野外、部分在仓库内生活。在气温较高的地区和仓库内能全年繁殖为害，造成豆类大量损失。常见的有绿豆象和蚕豆象，分别危害绿豆、赤小豆、蚕豆和其他一些豆类。豌豆象是豌豆的重大害虫。有的种类是某些豆类的危险性害虫，如四纹豆象、菜豆象已列入国际检疫对象。

体卵圆，中小型，少数种类较大。复眼大，前缘强烈凹入。触角11节，锯齿状，栉齿状。鞘翅毛有白色、棕色，常形成斑纹，末端截形。腹部臀板外露，腹板5节。后腿节常具尖齿。跗节5节，第4节小。幼虫为复变态，第1龄有长足，胸板有齿，经过一次蜕皮后，足部分或全部消失，形成不甚活泼的蠕虫型幼虫。

它们性活泼，善于飞翔，多以成虫越冬。产卵习性因种而异，除野生外，仓库内的豆象在所寄生的豆上产卵；豌豆象则在仓内越冬，次年春天飞出到大田，在结荚的豌豆上产卵。多为单宿主，即专寄生于某一种豆科植物，少数食性广，危害多种豆类。

蚕豆象

昆虫纲鞘翅目豆象科的一种。又称蚕豆红足象。蚕豆害虫。在田间和仓库内都可为害，也是一种储粮害虫，在中国曾被列为国内植物检疫对象。世界性分布。传入中国后，除东北、西北及内蒙古大部外，其他各地均有发生。寄主植物在中国仅为蚕豆，其他国家有为害豌豆及其他豆类的记载。成虫体长约5毫米，近椭圆形，棕黑色，触角锯齿状。中国各地1年发生1代。以成虫在豆粒内、仓库荫蔽处越冬，也有少数在田间遗株、杂草或土下越冬。成虫有假死习性，飞翔力和耐饥力均强，但抗寒力较豌豆象弱。常随豆粒调运而传播。已知天敌有小蜂、茧蜂、赤眼蜂等。防治方法：精选无虫豆种，开水烫种、日光暴晒杀虫，收获后半月内使用氯化苦等熏蒸杀虫，成虫发生期施用敌百虫等农药。

绿豆象

昆虫纲鞘翅目豆象科的一种。又称中国豆象、小豆象。豆类害虫，主要危害

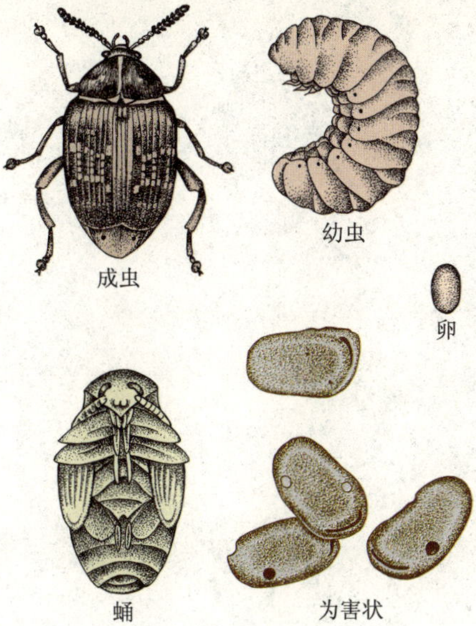

蚕豆象及其为害状

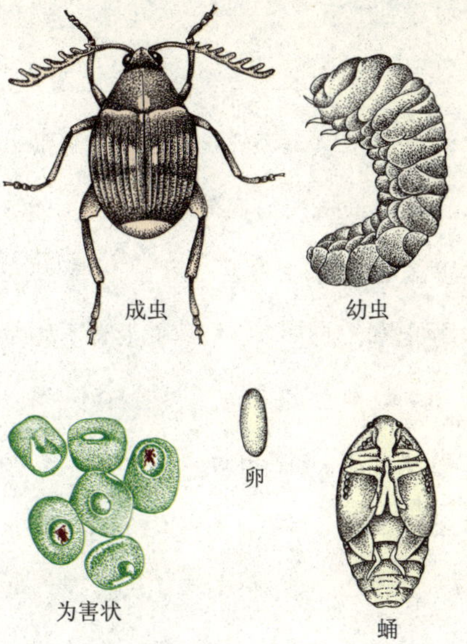

绿豆象及其为害状

绿豆。分布遍及世界各地，中国除新疆、西藏、宁夏、甘肃、内蒙古、安徽、湖北、湖南、江西尚未发现外，其余各省、自治区都有分布。寄主植物除绿豆外，尚有小豆、豇豆、菜豆等多种豆类，也食害莲子。田间及仓库内均可繁殖为害。

成虫体长 2～3 毫米，卵圆形，体色有明色型和暗色型。前者体背赤褐色，臀板有暗色斑一对；后者体背暗褐色，臀板无暗色斑。1 年发生 4～5 代，如环境适宜或在仓内，可发生 11 代。田间和仓内可交替繁殖为害。成虫飞翔力强，有假死习性。防治方法：不从发生地调种，精选无虫豆种，开水烫种和日光暴晒，收后半月内使用氯化苦等熏蒸，成虫发生期使用敌百虫等农药。

豌豆象

昆虫纲鞘翅目豆象科的一种。又称豌豆蛀虫、豌豆牛。豌豆害虫，除在田间侵入豆粒为害外，还能随同豆粒入仓和调运而传播蔓延，因而也是一种仓储害虫，曾被列为中国国内检疫对象。全世界都有分布。中国除黑龙江、内蒙古、新疆、宁夏、广西、贵州外，各省、自治区均有发生。

成虫体长约5毫米，长椭圆形，黑褐色。幼虫体长4～5毫米，近圆筒形，略弯曲，乳白色。蛹长约5.5毫米，椭圆形，淡黄色。中国各地1年发生1代。以成虫在仓库、房屋缝隙、包装物和田间遗株等处越冬，也有以4龄幼虫越冬的。成虫有假死习性，飞行能力较强，先在田边取食产卵，渐向中央扩散。温度22～25℃、相对湿度60%～80%时活动最盛。

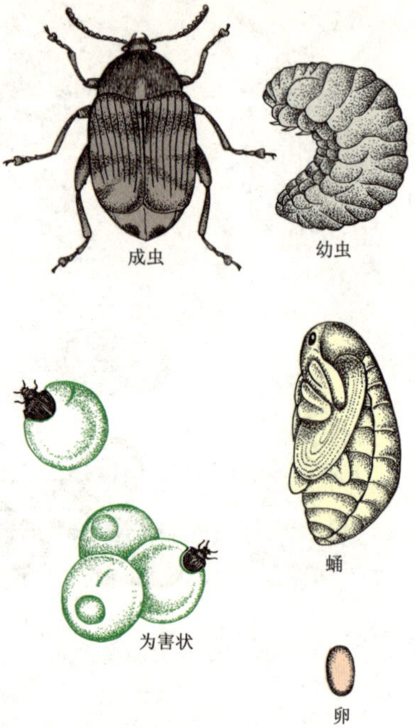

豌豆象及其为害状

防治措施：不从发生地区调运豆种；精选无虫豆种，建立留种基地；开水烫种、日光暴晒杀虫；收获后半个月内使用氯化苦、溴甲烷、磷化铝等熏蒸剂杀虫；做好仓库内清洁卫生和储粮器材消毒；成虫发生期施用敌百虫等农药，以及选用抗虫品种等。

[七、龟甲科]

昆虫纲鞘翅目龟甲总科的一科。色艳，有强光泽，鞘翅周缘敞出；头后倾；跗4节的甲虫。形似小龟，统称龟甲。有2400余种，主要分布于热带、亚热带地区。中国已知160多种。

成虫形似小龟，体背隆起或稍隆，周缘敞出，头部多隐藏于前胸之下。小型至大型，某些类群具金属光泽，有或无色斑，前胸和鞘翅敞边常透明。头向后倾斜，额唇基三角形，触角11节，端部4节稍膨大，着生位置远离口沿。前胸背板前缘微凹、月牙形，兜着部分口器。鞘翅光洁，或有脊线、瘤和刺，在小盾片后面常隆起形成驼顶；刻点排列成行或不规则，有时微细、稀疏，后翅有2个臀室。足中长，跗节第3叶常伸至负爪节的端部。雄性外生殖器为全环式。雌雄性征不明显，主要表现于触角的长度和粗度以及前胸背板和鞘翅敞边的形状。

成虫、幼虫皆露生，取食双子叶植物，多发生在旋花科、菊科、蓼科等植物上。成虫有假死现象。一些具有金属光泽的类群常闪耀出不同的光泽。死后色变失光。卵长形，单个或多个产出，包埋在卵鞘中，卵鞘是由松软的胶质物黏附在叶片背面，卵在鞘内被一层层隔开。幼虫共5龄。头部不外露，隐藏在前胸背板之下，胸、腹部两侧缘有针状突出物。足发达。腹部第8节有1对尾叉。幼虫的皮蜕和排泄物堆积在尾叉上，随龄期而增多。有的类群各龄皮蜕的层次分明，呈梯状接连成串，有的则成为一簇端部游离的条带，或是这些条带堆积在尾叉上，盘曲成螺旋状，由于腹部末端朝向背前方弯转，这些堆积的皮蜕盖在身体背面。皮蜕数常作为判断幼虫龄期的依据。

此科包括一些重要的经济种类，如南方的甘薯蜡龟甲、甘薯台龟甲，北方的甜菜大龟甲，以及为害梧桐树的中华锯龟甲等。

[八、虎甲科]

昆虫纲鞘翅目的一科。头宽于前胸，是一种飞翔活泼、色彩常鲜艳的甲虫。已知约2000种，主要分布于热带和亚热带地区。中国记载100多种。成虫、幼虫均为捕食性，捕食其他小昆虫或小动物，因而在害虫生物防治中常被用作捕食性的天敌。

大多数种类生活于地面，也有少数树栖。地面种类体色多鲜艳，常有金属光泽，鞘翅常具金色条纹或斑点，一般出现于道路或河边沙滩上。在阳光下最活跃，有时停止于路面或作短距离低飞，飞行迅速；有“拦路虎”或“导路虫”之称。树栖种类，如树栖虎甲属和缺翅虎甲属，常在咖啡树或茶树的嫩枝上钻洞产卵，成为热带地区经济作物的害虫，但幼虫捕食介壳虫，又是有益的。

成虫小至中型。复眼十分突出，触角丝状，两触角间的距离较近，小于上唇的宽度（步甲科的触角距离大于上唇的宽度）；上颚长而弯，在头前交叉，内缘有大齿，鞘翅宽于前胸，两侧多平行。腹部腹板雌6节，雄7节；足细长，跗节5节；雄前足跗节宽扁，腹面有毛垫。该科昆虫在热带地区1年1代，在寒冷地区可延长至2～3年1代。卵产于土中，散产，产卵时雌虫先在地面上挖坑，每坑一卵。幼虫形态适于洞内捕食活动。体呈S形，头胸大，强烈骨化，上颚强大，第5腹节背面有一个具有双钩的突起，足爪长而锐，适于掘土；幼虫伏洞中，洞的长短和深浅因土质的坚硬程度而不同：在坚硬的土质中，洞稍长于幼虫虫体；在松软的土质中，洞可达一米多深。一般以幼虫越冬。老熟幼虫在土穴内化蛹，化蛹前先将穴口封闭，造成蛹室，少数种类以成虫越冬。树栖种类的雌虫以产卵管在树皮上穿一洞，深入到木髓，产出一粒卵后，雌虫即将洞口封闭，幼虫发育时洞逐渐增大。

虎甲科的分类一般均采用霍恩（1926）的系统，即根据后胸前侧片的形状狭凹或宽平，分为狭板虎甲类与宽板虎甲类两大类。狭板虎甲类包括2族4属，重要的属有树栖虎甲属和缺翅虎甲属，均分布于热带或亚热带地区。宽板虎甲类包括3族29属，其中虎甲族的虎甲属是虎甲科中最大的一属，约占虎甲科种类的半数，广布于世界各地。

［九、吉丁科］

昆虫纲鞘翅目的一科。通称吉丁虫。全世界已知约1.3万种，分属于12个亚科。中国已知有9个亚科、约450种。成虫喜阳光，在白天活动，飞行迅速，在树枝的向阳部位容易发现。

小至大型，体表坚硬，有美丽金属光泽。有绿、蓝、青、紫、古铜等颜色。

头部较小，嵌入前胸。触角锯齿状，共11节。前胸大，与体的后面部分相接合，不能活动。前胸腹板后端突起，嵌入中胸腹板上。腹部5节，鞘翅发达，盖着整个腹部。前、中两足的基节球形，转节显著。后足基节横阔。跗节5节，前4节下边有垫。

幼虫体扁而细长，乳白色，分节明显，具扁平而膨大的前胸。口器坚强。腹节9节，圆或扁。幼虫在树木中穿孔为害。先在树皮下形成层蛀食生长，然后蛀入木质部化蛹，在孔道底部常咬成云状细纹，羽化时常咬破树皮成扁圆孔而化出成虫。是森林和果树的重要害虫，如苹果窄吉丁、杨十斑吉丁、杨五星吉丁、松扁吉丁、金绿吉丁、六星吉丁、樱潜叶吉丁等。

[十、金龟科]

昆虫纲鞘翅目的一科。此科昆虫统称蜣螂，俗称屎壳郎。分布几乎遍及全球，近4000种，中国有约230种，以南方种类较为丰富。有少数属为中国所独有，如爪蚕蜣螂属仅见于云南。

由于蜣螂都以哺乳动物粪便及其他腐败物质为生，故与农、林生产无直接益害关系，然而它们大量取食粪便，并运储粪便于地下，以繁育后代，因而对净化地球环境起着一定作用。澳大利亚利用蜣螂治粪的能力，已经成功地从国外引进多种蜣螂，清除大量牛粪，清洁和改良了草场，使环境卫生得到了改善。中国早在2000多年前就有神农蜣螂入药疗疾的记载，至今仍是药用昆虫之一。中药材称之为蜣螂，药性味咸寒，有镇惊、破瘀止痛、攻毒及通便等功能。主治惊痫癫狂、小儿惊风、二便不通、痢疾等。外用治痔疮、疔疮肿毒等。

头部前面的唇基与眼上刺突十分发达，多连成扇面形或多齿形的“铲”，盖住口部。触角8～9节，末端鳃片部3节。前胸背板大，与其余体部等大或更大。小盾片多数不见。鞘翅盖达腹端，臀板外露。足强大，前足胫节适于挖掘，有时跗节十分退化或完全消失，中足基节被腹板明显或远远隔开，后足胫节仅有端距1枚。腹部气门着生在背板、腹板间的侧膜上，且均为鞘翅覆盖。性二态现象常较显著，雄体的头部、前胸背板常有角状及其他形状的突起，雌体则常较简单。

[十一、锯谷盗科]

昆虫纲鞘翅目的一科。已知400种，分布世界各地。中国记载6属10余种。此科的种类生活在树皮下或小蠹与其他昆虫所蛀食的孔道里。

常见的有锯谷盗属的种类。在仓库中发生最普遍的锯谷盗是贮粮的重要害虫之一。大眼锯谷盗在干果类物品、植物药材中多有发现，米扁虫在贮粮中亦屡见不鲜。此科为小型种类，体扁平，多呈褐色。复眼突出。前胸背板后方窄。侧缘具边或锯齿。鞘翅完全覆盖腹部，后胸腹板大型。前、中足基节球形，后足基节横形。跗节5节，第3节下面呈叶片状，少数雄虫后足跗节第4节小。

锯谷盗

昆虫纲锯谷盗科一种。世界各国均有分布。是食性较为广泛的仓库害虫。除谷类外，为害干果也相当严重。在其他仓虫破坏的碎粮中发生较多，严重时可达数万头。成虫体长2.5～3.5毫米，长而扁平，赤褐至深褐色，披细的黄褐色毛。眼黑褐色，后方有尖的突出。头部密布刻点。触角棒状，长度不达前胸背板后缘。前胸背板两侧各有6个锯齿状突起，背面密布刻点，并有3条纵脊。中脊直，脊间相隔宽。鞘翅长形，各有数条纵脊，行间有粒状刻点与茸毛。雄虫后足腿节下侧有1个尖齿，雌虫无。幼虫白色，头与口器呈淡褐色。触角长，3节，第2节最长，第3节呈小突起状。气孔环形。性活泼，繁殖力强。主要伴随其他仓虫食害已破坏了的谷粒。成虫寿命长，可达3年以上。能适应较高与较低的温度。1年可发生数代，以成虫越冬。

[十二、露尾甲科]

昆虫纲鞘翅目的一科。小型，褐色，体多宽扁，鞘翅甚短，末端平截，腹常有2节露出，触角棒状的甲虫。约155属3000种。世界性分布，中国记载11属15种。中国常见的有：脊胸露尾甲分布在东半部，东方露尾甲分布在北方和华东地区。

此科昆虫大多数取食树液与果汁，尤其喜欢发酵的植物性物质。很多生活在花与菌类上，少数捕食与潜叶，有20余种在仓库内为害贮粮与干果。在酒厂中常群集在放置酒糟的地方。腐果对一些露尾甲有诱惑力，堆集处可大量发生。

小型种类，体宽而扁平，着生细毛，表面光滑，褐色与深褐色，多形成斑纹。触角11节，较短，端部膨大呈棒状。前胸背板宽大于长。鞘翅短，腹背板末端常有2节外露。腹板5节。足短，基节圆筒状；胫节宽；跗节5节，第4节最小，也有4节与3节的种类。幼虫衣鱼型，前口式。头每侧常具单眼4个，有的3个。以成熟幼虫、蛹或成虫越冬。如温度适宜，冬季可继续繁殖，1年可发生数代。栖息在谷物、干果、甲虫所蛀的孔道与蚁巢等处所。

[十三、觅葬甲科]

昆虫纲鞘翅目的一科。体长4～14毫米，长圆或狭长，稍平扁，光亮。

额唇基沟明显，触角一般有一个4或5节的端锤，或端锤不明显，也可能丝状，着生点基本露出。前胸背板侧边完整，背腹缝明显。前胸腹板在基节之前很短，在基节之间有一狭窄突起，前足基节横形，隆起，近于邻接，有一大而裸露的基腹连片。前足基节窝后方开口窄，内侧开放。中足基节相互间分离狭窄。鞘翅盖住整个腹部，刻点排成细线行，共有9或10行；缘折发达完整，或者仅延伸至翅端区4/5处。中足基节朝内有凹陷，相互邻接，自两侧延伸至鞘翅边，后翅分一大而明确的翅轭，4 条臀脉，并有简单的凹凸横褶。有时无后翅。腹部可见 5 块腹板，第 2 腹节两侧区域在后足基节之下；节间区无微骨片，基部数节背板膜质。雄器具或不具分离的基片，侧叶仅有痕迹，合生或缺失。幼虫背板和腹板比较硬化，头两侧各有 6 个单眼。上颚有几个端齿；臼叶狭窄尖锐，与一毛刷相连，臼齿大，瘤状，有背腹两列小齿。具有分离内颚叶和外颚叶，外颚叶有边毛。唇舌深裂为两叶。气门位于背板后侧角缺缘内。第 10 腹节延长，圆柱形，有可外翻的膜质叶突，其上有很多小钩。

觅葬甲科有 8 属 60 余种，多数发现在全北区，而 *Zeanecrophilus* 属仅发现于新西兰。北半球的中纬度地区有 *Necrophilus* 属、*Agyrtes* 属、*Pteroloma* 属、*Lyrosoma* 属，多发现在腐烂的动植物碎物中。

[十四、拟步甲科]

昆虫纲鞘翅目扁甲总科的一科。体壁坚硬，多为暗色；跗 5-5-4 节；前足基节窝封闭，爪简单的甲虫。已知约 1500 属 25000 种，中国记载 2000 余种，分属于 45 族 80 属，世界性分布。

拟步甲科以在仓库中生活、为害的种类较为重要。面粉厂与粮仓中常见的有赤拟谷盗、黑菌虫、黄粉虫、黑粉虫等；琵琶甲属、沙潜属和分布于热带与亚热带地区的土潜属都是农业的重要害虫。大粉虫、树潜两属的种类钻蛀枯木，杂食性的拟谷盗属与粉盗属的某些种类与食菌类的二带黑菌虫亦生活在树皮下。小到大型种类，形状各异，有椭圆形、卵圆形，有的身体后部膨大似琵琶形；有的生活在树皮下，身体很扁。体表面光滑，荒漠地区的种类则密生长毛，多黑色，

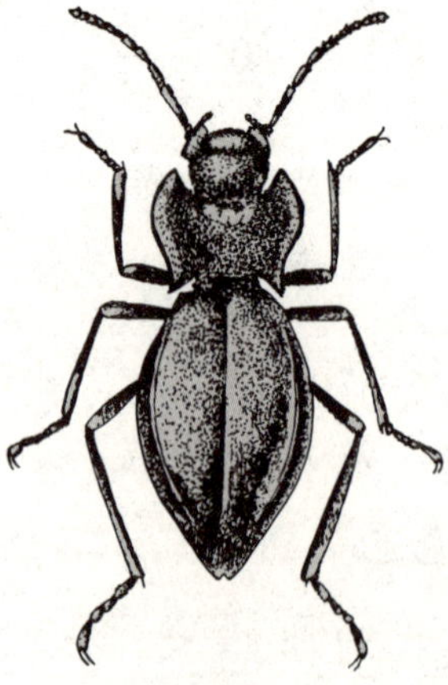

砚甲

亦有褐色的，有些种类鞘翅上有斑纹。口器发达、上颚较大。触角11节，少数10节，棒状、线状或念珠状。复眼突出，前缘凹。鞘翅覆盖腹部。足粗，有的较长，某些种类具棘或齿，如砚甲。幼虫体细长，背面骨化强，褐色与黑色，部分为乳白色。足4节，末端有跗爪。

拟步甲科昆虫多夜间活动，有伪死性，一部分生活在朽木中。后翅一般退化，少数种类可以飞翔，亦有客居于蚁巢的。

[十五、平唇水龟虫科]

昆虫纲鞘翅目的一科。体长1.2～3.0毫米，长圆至狭长，稍平扁，通常被短下弯毛，头顶有时在复眼之间有2个单眼，额唇基沟明显。

触角8或11节，一般总有1个绵毛状端锤，由5节组成，其前边一节杯状；触角端锤也可能只有3节。上颚近端部有一可活动的齿。下颚须延长。前胸背板侧边完整，光滑或小齿状；背板缘折有窝槽容纳触角。前胸腹板短，或在前足基节之前适当延长，在基节之间有完整的突起。前足基节横形，多稍突起，基腹连片隐藏或微露出；基节窝后方宽阔开口至关闭多变，内侧开放或关闭，中足基节接近或适当远离。鞘翅一般覆盖全部腹部，但有时也露出一节背板；翅面刻点通常排列成行，缘折不完整。后足基节接近或远离，向两侧延伸接触鞘翅。后翅基部狭窄，有一臀脉。跗节5-5-5式，基端一节退化或合生在一起，有时跗节为4-4-4式，腹部可见6或7个可见腹节，节间区无微小骨片，基部几个背板膜质。雄器无基片，侧叶狭长，或缺失。

幼虫修长狭窄，极少为短宽，有额唇基沟，头两侧各有5个单眼。上颚有数个端齿，臼叶锯齿形或端末呈齿形；臼齿发达，瘤状。下颚内叶和外叶分离，外颚叶有时有缘毛但常为狭窄须状；下颚须次末节上有指状感觉器。外咽片发达。前胸背板有时生有一对背呼吸管。胸部背板和腹部第1～7节背片上有侧突，第

10腹节有一可伸展的囊，具一对臀沟。

[十六、窃蠹科]

昆虫纲鞘翅目一科。统称窃蠹。小型卵圆形；跗5节；前足基节球形，基节窝开放；后足基节板状，有沟可容纳腿节，幼虫蛴螬型的甲虫。已知100属1300种，分布世界各地。

中国记载11属50种。一般为害干的动物物质与植物物质。世界各国普遍发生的烟草甲是烟叶、香烟、雪茄的重要害虫，还为害人参等中药材，在中国主要分布在淮河以南地区。药材甲是干面包、药材、图书、档案的重要害虫，还可以损害铅板，分布于世界各国与中国各省、自治区。*Anobium* 与 *Xestobium* 等属是硬木家具的害虫。

窃囊为小型种类，卵圆与长椭圆形，红褐与褐色。触角10～11节，少数8～9节，锯齿状、栉齿状与棒状。前胸背板常隆起。腹部5节。幼虫蛴螬型，乳白色。足4节，跗节端部具弯曲的爪。多以幼虫越冬。由于物品的运输，一些种类得以广泛传播。

[十七、球蕈甲科]

昆虫纲鞘翅目的一科。体长1～7毫米（通常1.5～4毫米）。宽卵形至狭长形，强烈隆凸至稍平扁；体表光滑或被卧毛或直立毛。

头后收缩成颈。额唇基沟偶尔可明确区分。触角通常有不太明显的5节端锤，但第8节既小于第7节，也小于第9节，几个端节的末端面上有内囊开口。下颚须端节多尖锐。前胸背板有完整的侧边。前足基节近乎邻接，基腹连片露出或隐藏，基节窝后方开口宽阔或狭窄，内侧通常封闭。中足基节相互间隔狭窄。鞘翅盖住整个腹部，少数露出 1 或 2 个背板，缘折一般比较发达，但多不完整。后胸前侧片有时盖在鞘翅缘折之下。后足基节一般接近。后胸腹板和腹部处在不同的平面。后足基节通常向两侧扩展达鞘翅。跗节 4-4-4、3-3-3 或异跗式。腹部可见 6 节腹片，有时为 5 节，前两节不合生，节间无微骨片，基部数节背板膜质。雄器侧叶有时附连在分离的基片上。幼虫背面轻度至中等骨化，有时可能极度骨化但体型宽短，经常被覆有一定修饰变化的刚毛。一般无单眼，有时每侧有 5 个、3 个、2 个或 1 个单眼，上颚有 2 或 3 个端齿，臼叶一般细长、尖锐，极少无臼叶。臼齿发达，瘤状或粗糙状，背腹面有瘤或背腹两列小齿；有时臼齿退化。下颚内外叶明显，外颚叶饰缘毛。尾须经常有多环状端节，例外情况无尾须。

球蕈甲科包括约 250 个属 2000 种，一般归入 6～8 个亚科。许多球蕈甲科种类，尤其是 Cholevinae 亚科的种类，是食腐动物，发生在落叶层和岩洞中。其亚科取食各种不同真菌的孢子，包括黏菌、腹菌和子囊菌；其他类群专门取食地下菌。高度特化的群，仅发现于北美北部的冰洞中。

[十八、水龟虫科]

昆虫纲鞘翅目的一科。小型至大型、下颚须细长的多食亚目水生甲虫。原称牙甲，后称水龟虫。

中国记载约 80 种，其中大型种有尖突水龟虫，又名尖突巨牙甲，生活于湖泊、池塘、鱼塘以及有水草的小溪和水沟。中国分布极广，从东北至海南、从江苏至西藏均有记录。日本、朝鲜、韩国、缅甸亦有分布。成虫体色黑或褐黑，长 28～32 毫米。背面拱起，腹面较平，触角

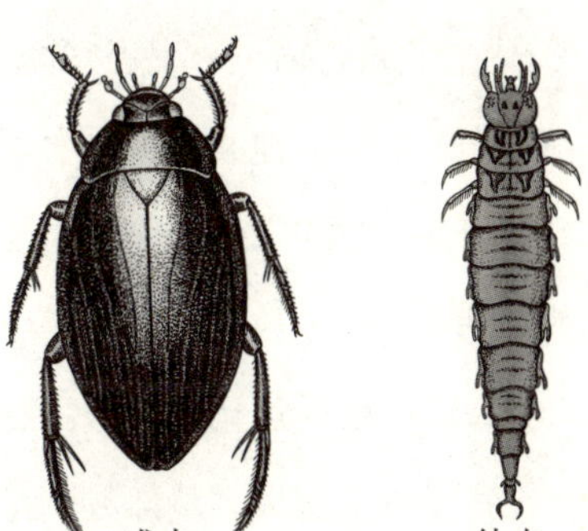

尖突水龟虫

6～9节，端部3～4节胀大成锤状；下颚须线状，与触角等长或更长；足3对，披长毛，跗节5节；腹部一般有5腹板，胸、腹两侧有短柔毛，在水中形成气膜，成虫吸取空气时，触角露出水面，空气沿触角柔毛所成的气道进入胸部气门。

水龟虫一生经卵、幼虫、蛹及成虫4个虫态。数十粒卵藏在一个附着于水生植物的壶状卵囊中。幼虫长棒状，上颚尖利，成熟后在水边的土壤中化蛹。

成虫吃水生小植物和小动物，主要取食螺蛳。能飞，偶尔飞趋灯光。幼虫以肉食为主，捕食水中小动物，包括各种螺蛳。由于螺蛳是人畜的吸虫宿主，所以水龟虫的幼虫起一定的好作用。但是生活在鱼池中的水龟虫却捕食鱼苗，成为塘鱼的害虫。大型水龟虫可作为药材，能治儿童遗尿，过去每逢秋后在广州市面上常与龙虱同售。

[十九、苔甲科]

昆虫纲鞘翅目的一科。体长0.5～7毫米（通常1～3毫米），体形一般狭长，像蚂蚁一样，在鞘翅与前胸之间收缩，有时也为长圆形或卵形；多隆凸，也有的平扁。体色发红或红棕色，体表被直立毛或卧毛，有的种类无毛。头后部强烈收缩形成颈。

在多数种类中，触角向端部渐次膨大，形成4或5节的端棒，有时也呈丝状，极个别为膝状并有一个长长的基节（柄节）。触角着生点暴露，多相互靠近。下颚须端节退化，钝或尖锐，次端节大。前胸背板无侧边，基部多有凹窝。前足基节突起，一般邻接，基腹连片隐藏式，基节窝后方开口宽阔。中足基节相互间隔窄。鞘翅完整，极少数种类后尾露出一个腹节背板。无缘折。后足基节间距比较宽或极宽，向两侧伸达鞘翅边缘。后胸腹内骨具短柄状骨或缺。后翅有退化的臀区，腹部可见6节腹板。基部数节背板膜质。雄器一般无单独的基片，侧叶附生在中叶背面。

苔甲幼虫一般宽短，平扁型，背板极度骨化，向两侧延伸超过了膜质腹板的边缘。头盖缝干较长，上唇固合到头壳上。头两侧有 1～3 个单眼，密集成簇，或者无单眼，触角第 1 和第 3 节多较短，第 2 节多为长棒状；有时触角为 2 或 4 节，但不常见，上颚镰刀形，内缘锯齿状，无臼齿和臼叶；下颚不分内外叶，平截，下颚须长，端节尖锐，下唇无唇舌。无尾须。

苔甲科包括约 75 属 2000 种，一般归属于 2 个亚科。这个科多在落叶层中栖居，喜湿润环境。有些种类取食螨类，也有一些发生在蚁巢。

[二十、象甲科]

昆虫纲鞘翅目一科。统称象甲。头延伸成喙状，触角膝状，末端棒状，跗节假 4 节型的甲虫。是动物界最大的科之一，全世界已记载 6 万种以上，分布遍及全球。中国象甲种类丰富，据昆虫学家赵养昌等（1980）估计可能达 1 万种，记录的已超过 1200 种。

小型至大型种类。体长 2～70 毫米（不算喙长）；喙显著，由额向前延伸而成；触角膝状，末端 3 节呈棒状；无上唇，代之以口上片；颚须和下唇须退化而僵直，不能活动；外咽缝愈合，外咽片消失。跗节 5 节，第 4 节很小，藏于第 3～5 节之间。体壁骨化强；多数种类被覆鳞片。幼虫通常为白色，肉质，身体弯成 C 形，没有足和尾突。

绝大多数象甲是陆生的，性迟钝，行动缓慢，假死性强，少数有趋光性。稻象属和水象属为水生。象甲营有性生殖，但有一些种类营孤雌生殖。多数象甲 1 年 1 代，有些则是 2 年 1 代。多数以成虫越冬，以卵和初龄幼虫越冬的有杨干隐喙象。

象甲均为植食性，危害根、茎、叶、花、果、种子、幼芽和嫩梢等。多数幼虫蛀食植物内部，不仅为害严重，而且难以防治。许多种类是农林和仓库的重要害虫。个别种类是有益的，如蚊母草直喙象，此虫产卵于蚊母草或水苦荬的子房，随幼虫的发育，子房发育为虫瘿。在成虫羽化前，采收全草，晒干入药，称为仙桃草，用于止血、活血、消肿、止痛。

甜菜象甲

昆虫纲鞘翅目象甲科一种。又称普通甜菜象甲、甜菜象鼻虫。甜菜苗期主要害虫。分布于中国华北、西北及东北西部地区。成虫体长12～16毫米，黑色，密披灰白色鳞片。喙前端稍膨大，鞘翅中部有黑色带状斑。卵长约1.2毫米、宽约1毫米，椭圆形，初产时乳白色，后渐变为浅黄色。老熟幼虫体长约12.5毫米，乳白色，头黄褐色，无足，向腹部弯曲。蛹长10～15毫米，浅黄至黄红色。除甜菜外，还危害玉米、烟草、向日葵，也喜食苋菜等。在甜菜出苗前，小藜、猪毛菜、白藜、白滨、地肤、野苋菜、盐蒿等盐土的指示植物是其原生寄主。成虫取食子叶和小的真叶，造成缺刻，严重发生时，可将其全部吃光，且咬断幼茎，造成严重缺苗断垄或大面积毁种。幼虫取食甜菜根部，咬成凹穴，致叶部衰萎，影响块根正常生长，重则死亡。在中国北方每年发生一代，主要以成虫及部分幼虫与蛹在当年甜菜地土内越冬。早春日平均气温达6～12°C、地表温度15～17°C时越冬成虫出土，时期参差不齐，可由4月上旬延至7月下旬。早期出土的成虫多潜伏在避风向阳的枯草根际及渠背、地埂等土块处；随气温升高而活动加强，并向甜菜地爬行转移；气温达25°C左右时最活跃；地温达28～30°C时能展翅飞翔，无风晴朗天气飞行更高更远。5月份当甜菜苗处于子叶期至两片真叶期时最易受害。成虫耐饥力较强。5月中旬成虫开始大量产卵于干湿土交界处。6～7月为幼虫为害盛期，幼虫随甜菜根向下生长及随土壤温度的变化而向深土层潜入，老熟后作土室化蛹。7月中下旬为化蛹盛期，成虫羽化后一般不出土，在蛹室内越冬。土壤湿度对各虫态的生长发育都有影响，幼虫在10%～15%的土壤湿度中发育最好。当土壤湿度较大时，幼虫、蛹和初羽化的成虫皆易感染绿僵菌而死亡。一般春季成虫出土受4月份气候影响较大，温度高、湿度低时有利于成虫出土；如8、9月份雨水多、田间长期积水，则翌年发生较轻。一般土质疏松、排水通气良好的砂壤土较长期阴湿的黏重土更有利于甜菜象甲发育。整地不平、耕耙不均匀、甜菜出土不齐的地块，常严重受害。

防治方法主要是：实行大面积轮作，避免连作；秋季深翻、平地碎土，压低越冬基数；采用甲拌磷进行药剂拌种，能兼治其他苗期虫害；挖防虫沟，阻止早春甜菜象甲成虫迁入为害。

[二十一、小蠹科]

昆虫纲鞘翅目的一科。统称小蠹。全世界已知约6000种，中国约有500余种。是森林的重要害虫。小型暗色，骨化强；外咽缝1根；触角球杆状，膝状弯曲；胫节常具齿；跗节假4节型；为象甲总科中的高等类群。

虫体微小，体长1～9毫米，暗褐色。触角折曲呈膝状，末端3节膨大，构成锤状部；外咽片消失，仅存1条外咽缝；无上唇；下颚须3节，节间僵直不能活动；足跗节5节，其中第4节甚小，成为假4节；翅脉简化。无喙；足干扁，足胫节外缘有齿，或足胫节末端有一向干里面弯曲的刺；有发达的几丁质前胃。

终生潜伏于树干中，只有新成虫羽化后的短暂时间飞离树身，在林中活动、觅食、交配，另筑坑道入侵新寄主。中国北方小蠹多1年1代，高温年份可出现2年3代或1年2代。北方小蠹多喜干旱，因此，高温少雨往往成为小蠹大量发生成灾的原因，在针叶林区，这种现象比较明显。小蠹大多是次期性害虫，即只在树身衰弱或采伐以后才入侵树冠、树干和树根。生活于树皮或材心内，为害隐蔽。繁殖力强，有些种类一经侵入树身，繁殖量则不计其数。且终身潜伏树身内部，故而为害时间长久而严重。中国南北林区每年均因小蠹为害而蒙受不同程度的损失。

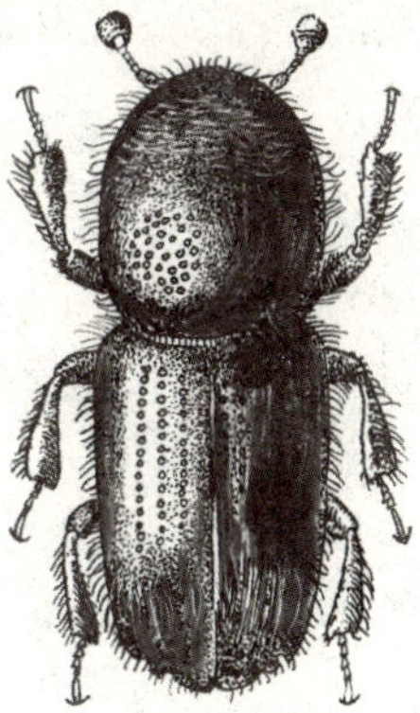

松十二齿小蠹

小蠹是社群性昆虫，各穴的两性比数和两性分工均确定，性比因属而异，有一雄一雌、一雄数雌和一雄多雌等类型；雌虫修筑母坑道，同时在坑侧筑卵龛依次前进产卵，雄虫在侵入孔端头守候或在交配室内部，排出坑道中的木屑和代谢废物，并与雌虫交配。小蠹的坑道有繁殖坑道和营养坑道两种。繁殖坑道是由配偶成虫组成的窝穴，其中包括母坑道（或称卵坑道）、子坑道、蛹室、羽化孔、通气孔等。母坑道有纵向、横向或呈放射向的，有一条、数条或多条的，即单纵坑、复纵坑、单横坑、复横坑或星坑等。营养坑道为新成虫羽化后因取食树株干皮造成的痕迹，特征不明显。

此科昆虫按照食性可分为二大类：树皮小蠹类和食菌小蠹类。树皮小蠹钻蛀在树皮与边材之间，直接取食树株组织；食菌小蠹钻蛀木质部内部，坑道纵横穿凿在材心中，坑道周缘有真菌及其他微生物与之共生，食菌小蠹取食真菌及其他微生物的菌丝和孢子。树皮小蠹对寄主的选择比较严格，显示寡食性。食菌小蠹对寄生植物的选择不严格，能寄生多种植物，显示多食性。小蠹两种食性的分化是历史演化的结果：寄生于裸子植物的较原始的小蠹类群均属树皮小蠹类；被子植物出现后，寄生其上的小蠹采用了一种新方式，即与真菌共生，通过真菌获得消化纤维的能力，钻入树木材心，开辟了新的食物能源。从而大量繁殖。从齿小蠹亚科可以看到：原始的属，如星坑小蠹和齿小蠹，均寄生于针叶树，取食树皮。而高等的属，如材小蠹和木小蠹，主要为害阔叶树，寄主种类很多，适应性强，是有树便钻的重大害虫，仅材小蠹一个属的已知种已达 1500 种（约占小蠹科总数的 1/4）。

[二十二、阎甲科]

昆虫纲鞘翅目的一科。体长 0.5～20 毫米，通常 1.5～12 毫米。卵形至长圆形，强烈隆凸，个别属为狭长形或极为平扁，体表无毛，极少数有硬刚毛；体色黑色，或金属色，少数红色或双色。

头部通常向后深缩在前胸背板中。触角略呈膝状，几乎总是10或11节，由3节组成的端锤缩合在一起，有时端锤的3节合生为一体。有时有触角沟和触角窝。上颚前突，有时颏扩大，将下颚遮盖起来。咽缝一般在后部汇合。前胸腹板在前足基节之前延长，经常向前延伸，伸达头下边；基节间突较宽，不下折，向后伸延与中胸腹板邻接，或伸进中胸腹板的缺口中。中、后胸腹板的中部合生在一起。中足基节间隔较宽或很宽，有不同变化。鞘翅平截，体后尾露出一或两个腹节；刻点为6行或较少。后胸腹板通常有基节线，后足基节间隔很宽，向侧边不与鞘翅相遇。后胸腹内骨无柄状骨。后翅翅脉的肘中环退化或缺失。前足胫节沿外侧具齿，无爪间突。在腹部第一节腹板上有基节线。臀板发达。雄器侧叶部分或完全合生在一起。

幼虫近于长柱形，或稍平扁，除头、胸部背板和尾须外，体色浅淡。腹部背板和腹板上时有小的硬化骨片。头盖缝干较长，侧臂通常不太明显。触角第二节上有两个感觉圈，触角着生点与上颚关节点邻接。头侧无单眼或仅有一只单眼。

这个科，包括原来的细阎甲科，有约200个属3000个种，通常分为10个亚科。中国现已发现150余种。通称阎甲。阎甲是分布广泛的类群，发生在许多不同的生境中，成虫和幼虫多为捕食性。细阎甲亚科和Trypaneinae亚科体形近于柱状，捕食蛀干害虫。许多阎甲亚科和腐阎甲亚科生活在粪便和腐叶层中或在动物尸体上，捕食蝇蛆。如*Hololepta*和*Platysoma*属，背腹平扁，发生在树皮之下。Hetaerinae和Chlamydopsinae亚科的种类，生活在蚁巢中，营共栖生活（如*Myrmetes*和*Hetaerius*等属的种类），也有的在啮齿类的洞中生活。

亮平扁阎甲

昆虫纲鞘翅目阎甲科的一种。分布于印度、马来群岛、中国。体长13.5～18.7毫米，体宽5.2～7.9毫米。体近长方形，背腹平扁。漆黑色，表面极为光亮。头水平前伸，宽大于长，后边1/2包在前胸背板前缘的方形凹缺内，额光亮，近前边1/3处的中央和两侧共有3个钝齿突。触角着生在复眼与上颚基部之间，向末端加粗，索节6节，端锤丝绒毛状。上唇极短，前缘凹缺，两侧叶很小，常为瘤结状。上颚向前伸，镰刀状，比头约长1/3，近末端微弓弯，腹面有凹槽以容纳下颚。下唇有宽凹陷，前缘凹切，口器其他部分被盖住。前胸背板横宽，前边大凹缺容纳头部后1/2，前侧角前伸超过复眼中部；后缘中间波曲；表面光亮，沿侧缘有稀疏的刻点，中纵沟直，向前伸达3/4处。小盾片小，三角形。鞘翅短，后缘斜，内侧短而外侧长；表面光亮，无沟线或刻点行，肩部内侧有一短粗纵沟；鞘翅两侧中间内缩，形成比较阔的侧边；缘折向腹面下伸呈三角形。前臀板大，近横六边形，形状较平；中央盘区光亮，四周有比较稀疏的圆刻点；臀板短，与体纵轴垂直，刻点比前臀板粗大密集。前胸腹板宽，多为平面，表面光亮，基边圆，前边有极短的咽板；中胸腹板短，前缘凹缺，表面光亮。腹部前几节中部光亮，两侧刻点粗大。前足胫节外侧有4个钝齿，两个在基半部，两个近末端；前足胫节上的跗节槽S形，胫节放入凹槽中。

[二十三、蚁甲科]

昆虫纲鞘翅目的一科。体长0.5～5.5毫米（一般1～2.5毫米），狭长，稍凸起或平扁形，通常前胸背板窄于鞘翅或腹部。多为红或红棕色，体表光滑，或被直立或卧毛，头后收缩成颈，常有一对凹窝，或突起。

有时触角会少于11节，或仅有2节；触角向端部或逐渐膨大，或末端有一个由1～5节组成的端锤。下颚须通常很大，末端节大，多变化，但个别情况下也会退化，只有1或2节。下唇须很小，1或2节。前胸背板侧边不明显或无侧边。无背腹缝，前足基节大而突出，相互邻接，基腹连片隐藏，基节窝后方开口宽阔。中足基节邻接或有狭窄的分隔，小盾片通常退化，观察不到。鞘翅短，端末平截，露出5个腹节背板。后足基节从相互邻接到比较远离，有多种变化，向两侧延伸与鞘翅侧边相遇。后胸腹内骨短柄状。后翅臀区退化。跗节多为3-3-3式，有时2-2-2

式。腹节相对固合，可见 6 节腹板。基部两节背板膜质。有时候，在鞘翅端部和第一可见腹节背板上有毛状体。雄器无独立的基片，侧叶附着在中央体上，或无侧叶。

幼虫狭长，通常高度骨化，上唇固合到头壳上。触角有长感觉圈，它一般长于第 3 节。上颚镰刀状，内侧为锯齿形；无臼齿和臼叶，下颚合颚叶不分裂，末端钝。无唇舌。咽缝汇合在一起。尾须或者很短固定，或者缺失，有时无气门。

蚁甲科有 650 个属 5000 余种。发生在落叶层、腐烂的木头中，或其他有腐烂食物的地方。多数种类为捕食者，Clavigerinae 亚科的种类是蚂蚁窝中的兼性寄食者。

[二十四、隐翅虫科]

昆虫纲鞘翅目的一科。统称隐翅虫。鞘翅极短，腹部大部外露，少数鞘长，覆盖整个腹部，虫体狭长，两侧平行。

体长 0.5 ～ 50 毫米（一般 1 ～ 20 毫米），多为狭长形，但有时也可能为长圆形或近卵圆形，强烈隆凸至平扁形，体表光滑或被直立或卧毛。触角多为丝状，有时向端部逐渐扩粗，少数情况形成明显端锤，第 1 节多延长，有 10 节触角但并不常见；着生点多露出。一般情况前胸背板侧边完整，背腹缝有时不明显或缺失。前足基节多少突起，相互靠近可邻接，基腹连片露出或隐藏式；基节窝后一般开口窄，有时很宽，极少数封闭，内侧关闭情况多变化，鞘翅一般多极短，平截，露出 3 节或更多腹节背板；个别时候完整或只露出 1 或 2 节。后翅有次生关节点。跗节多为 5-5-5，有时为 2-2-2 或 3-3-3，或者为不同的异跗节式。腹部一般可以背腹弯曲运动，有 6 或 7 节可见腹板，前一或两腹节背板膜质。雄器一般无分离的基片，侧叶附着在中央体上。

幼虫多变，常狭窄、延长，多数种类的头盖缝干发达，上唇有时融合在头壳上，单眼数目不固定，1～6个或缺。上颚多为镰刀形，无臼齿和臼叶，端末的变化可以是具几个齿，具多个齿或近端具刺状假臼齿。下颚合颚叶不分裂，多为镰刀形，或斜截。它有时也呈三叶状，分节，或指状或极度退化。口器腹面的部分有时内缩。咽缝有时会合在一起，舌有时狭长。尾须1或3节或缺失。

此科昆虫性活泼，跑动迅速，善飞翔，如遇惊扰立即逃逸。一些种类常有夜间飞集灯光的习性。很多种类生活在海滨与水边湿地，常潜伏在枯枝落叶、树皮或朽木下，有的居住在鸟类和啮齿动物的巢穴里。有300余种在蚁巢中与蚁共栖，还有的在大黄蜂与胡蜂巢中生活，捕食它们的幼虫和蛹。

此科包括近1500个属45000余种，分归在近20个亚科中。中国记载1200余种。隐翅虫科极为广布，发生在各种各样的栖息地中。但最常见的是落叶层中，特别是潮湿环境的落叶层中。该科的种类食性复杂，多数隐翅虫是捕食者，有些取食真菌孢子、菌丝或藻类，也有许多种类生活在蚂蚁或白蚁的巢穴中，还有的食腐败的植物与腐烂的动物或取食粪肥，少数类群营昆虫寄生生活。毒隐翅虫属的个体破碎后，虫体液与人的皮肤接触可引起皮炎，如中国长江以南较为常见的黄胸青腰隐翅虫，俗称疯蚂蚁，即是毒隐翅虫属的一种。

黄胸青腰隐翅虫

隐翅虫科的一种。俗称疯蚂蚁。分布在较温暖的地区，中国分布于江苏、浙江和贵州等省。国外分布于印度、斯里兰卡等国。是一种有毒的昆虫，触及人体皮肤可导致炎症。常发现在水稻田里，对在农田操作者有一定的危害，为医学上所重视的昆虫。

体长6～7毫米。有金属光泽，头与腹部末2节黑色；前胸与腹部前4节红褐色，鞘翅蓝色，上颚与下颚须黄褐色、端部3节略显灰褐色，触角暗色，前3、4节黄褐色；足黄褐色，腿节端部、胫节与跗节基部灰褐色。头圆形，布有大的刻点，腹眼中部光滑。触角11节，丝状。前胸背板椭圆形，后方稍宽，鞘翅短，长方形，密布大刻点，末端截形，腹部两侧平，大部外露，末端具1对尾状突起。

跗节 5 节。

[二十五、缨甲科]

昆虫纲鞘翅目的一科。体长 0.35～2 毫米（通常 0.5～1 毫米），卵形或狭长；背腹比较平扁至极度平扁，体表被下弯毛。

触角长，第 1 和 2 节膨大，第 3 和第 8 节细窄，第 9 至 11 节形成不紧密的端锤；有时触角为 10 节，索节较短，极少数情况下，也可为 9 节，并有一不明显的端锤。触角着生点隐藏式，有时生在一个凹窝内。下颚须粗面状，末端一节比次末节窄很多。前胸背板侧边完整。前足基节相互邻接或狭窄分离，逐渐变化，具隐式基腹边片，基节间的前胸腹板突起，明显扩大，部分遮盖基节；基节窝后方开口宽阔或狭窄，内侧开放或关闭。中足基节相互邻靠或狭窄分离，有时有一个比较扩大的基节间板。鞘翅平截，露出 1～3 个腹节，缘折不明显。后足基节邻接至适度远离，侧面伸延达鞘翅；在内侧半部有骨板，有时此板能完全盖住后足。条状后胸腹内骨退化或缺失。后翅多退化，通常只有 3 条翅脉或更少，周边饰长毛。腿节有时膨大，并包容胫节。跗式 2-2-2 或 3-3-3 式，基部一节非常小。腹部可见 6 或 7 个腹节，节间膜质区无微骨片，基部数节背板膜质。雄器通常缺乏一个独立的基片或侧叶。

幼虫线条形，两侧近于平行，骨化极其轻微，无明显的背片和腹片。头盖缝干和臂不明显，无单眼，极个别情况每侧有一个单眼。上颚末端细长，近端部有齿或锯齿列，臼叶狭窄，尖锐或锯齿形，臼齿发达，瘤状，有背腹两列小齿。下颚合颚叶末端稍分裂，具外颚叶的修饰。下颚须第 2 节上有指状感觉器。尾须多为 1 节，但有时缺失。第 10 腹节有一个可伸缩囊，囊上有一对臀沟，气门有时退化或缺失。

缨甲科有约 67 个属、430 种，多数属于 Ptiliinae 亚科。少数特别特化的亲蚁性种类属于 Cephaloplectinae 亚科。Ptiliidae 的种类多发现于湿润的有机物中，如藻叶层、腐木、真菌、粪便和水浸的沙砾中等。许多种类取食孢子，Nanosellini 族的种类微小狭长，栖居在檐状菌的孢子管中。Cephaloplectinae 亚科是专性蚁客，取食蚁幼虫的分泌物，经常与兵蚁在一起，骑在运动中的工蚁身上。

[二十六、萤科]

昆虫纲鞘翅目的一科。头被前胸覆盖，腹端具发光器，能发光，体较扁而体壁柔软的甲虫。此科昆虫通称萤火虫。

全世界已知约 2000 种，分布于热带、亚热带和温带地区。中国记载 10 属 74 种。小至中型，长而扁平，体壁与鞘翅柔软。前胸背板平坦，常盖住头部。头狭小。眼半圆球形，雄性的眼常大于雌性。在额的前方，两眼之间具触角 1 对，各 11 节，丝状、锯齿状或栉齿状，2 触角基部相接近。上颚弯曲，贯穿有沟。

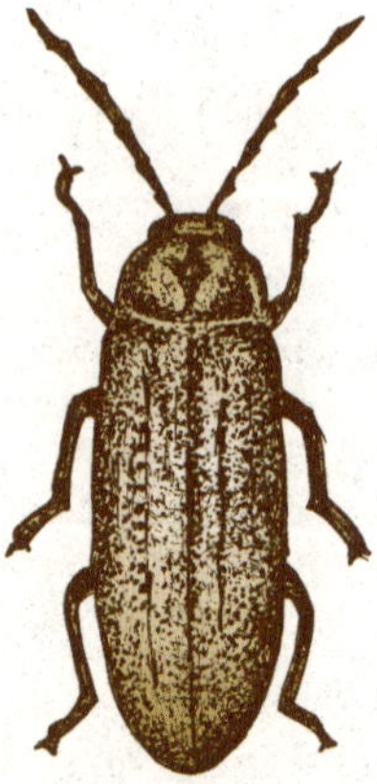
十字纹萤

雄性一般鞘翅发达，盖住腹部和后翅，雌性常无翅，但黄萤属雌、雄均有翅。鞘翅表面密布细短毛，鞘翅缘折基部宽。前足基节圆锥形，有亚基节；中足基节圆筒状，两基节相接连；后足基节横阔形。足细长，无特殊膨大的部分，跗节 5 节。腹部 7～8 节，末端下方有发光器，能发黄绿色光。幼虫褐色，长形，前后两端尖细，体节明显，头小，足发达，发光器 1 对，一般位于第 8 腹板。

萤火虫夜间活动，卵、幼虫和蛹也往往能发光，成虫的发光有引诱异性的作用。幼虫和成虫均捕蜗牛和小昆虫为食，喜栖于潮湿温暖草木繁盛的地方。

[二十七、芫菁科]

昆虫纲鞘翅目一科。中型，长筒形，鞘翅较柔软；跗节 5-5-4，爪分裂；前足基节窝开放的甲虫。世界已知约 2300 种，广布于世界各地。中国已记录 130 余种，包括古北界和东洋界的种类。

该科昆虫体一般为中型，长圆筒形，黑色或黑褐色，也有一些种类色泽鲜艳。头下口式，与身体几成垂直，具有很细的颈。触角 11 节，丝状或锯齿状。前胸一般狭于鞘翅基部，鞘翅长达腹端，或短缩露出大部分腹节，质地柔软，两翅在端分离，不合拢。足细长，前足基节窝开放；跗节 5-5-4；爪纵裂为 2 片。

该科昆虫具复变态。以豆芫菁为例：成虫产卵于土中，幼虫共 6 龄，第 1 龄幼虫蛃型，行动活泼，称为三爪蚴，在土中寻食蝗虫卵块或其他虫卵，第 2 龄幼虫步甲型，第 3、4 龄幼虫均为蛴螬型，第 5 龄幼虫为象甲型，系越冬虫态，不食不动，呈休眠状态，通称假蛹。第 6 龄幼虫又呈蛴螬型，最后化蛹。寄生性的种类如短翅芫菁属和歧翅栉芫菁属的三爪蚴，直接附于寄主蜂类的体上，进入蜂巢内，以寄主的卵或蜂蜜为食，经过复变态发育为成虫，离开蜂巢。

该科一般分为两个亚科：芫菁亚科和栉芫菁亚科。芫菁亚科在中国常见的属有斑芫菁属、豆芫菁属、绿芫菁属和短翅芫菁属；栉芫菁亚科常见的属有柔栉芫菁属和带栉芫菁属等。

该科种类经济价值比较复杂，既有益又有害。成虫为植食性，很多种类是农牧业的重要害虫，主要危害豆类、黄麻、马铃薯、花生、甜菜等作物以及牧草、苜蓿等，有的种类还危害药用植物如黄芪、甘草等。由于此科昆虫能产生芫菁素（又称斑蝥素），有起泡、利尿等作用，很久以来就在医学中应用。《本草纲目》所载的“葛上亭长”即指豆芫菁属的豆芫菁或同属的其他种类；欧洲用来提取芫菁素的种类主要是绿芫菁属的西班牙绿芫菁。近年来经临床试验证明，芫菁素在治疗癌症方面也有一定的疗效。幼虫为捕食性或寄生性。捕食性的如芫菁亚科的斑芫菁属和豆芫菁属，幼虫取食蝗卵，对于抑制蝗虫的发生起着有益的作用。寄生性的如芫菁科的短翅芫菁属、栉芫菁亚科的歧翅栉芫菁属等，幼虫寄生于花蜂或蜜蜂的蜂巢内，对养蜂业有害，对植物的授粉亦不利。

[二十八、圆泥甲科]

昆虫纲鞘翅目的一科。体长 1～3 毫米，卵圆形，强烈隆凸，光滑无毛。

头部、前胸背板和体腹面有瘤突，鞘翅有时具隆脊。头极度下弯。触角 7 或 9 节，有 1 节或 3 节的端锤。下颚须短于触角。前胸背板退化，无足基节间突。前足基节大，横形，遮盖腹板，基节窝后方有宽阔的开口。中足基节横卵圆形。相互远离。鞘翅刻点排列成行。后胸腹板短，后足基节相互远离，后胸腹内骨无柄状骨。后翅无经室也无胫中横脉；中脉只有痕迹。跗节 4-4-4 式。前 2 个可见腹节腹板合生在一起，前两节之间的缝不明显。雄器有很长的基片和部分融合的侧叶。

幼虫狭长，两侧多少平行。无头盖缝干，两侧臂接近。头侧各有 6 个单眼。触角有较长的感觉圈。附须附突退化。无侧唇舌。足极短宽。中、后胸和腹部第 1～8 节背板每侧各有 2～4 个瘤突；第 9 腹节背板发育正常，有 2 个中瘤突和 1 对短锥状尾须。第 10 腹节正常，形成腹尾端。气门双孔型。

单属科，只有 *Georyssus* 属，约 25 种，发现于世界各主要大区。它们栖息在溪流边缘的泥沙地带，取食藻类。

[二十九、葬甲科]

昆虫纲鞘翅目的一科。此科昆虫通称葬甲，又称埋葬虫。世界记载近 800 种，多数分布于全北区。

中国已知 50 余种。触角棒状，前足基节大，圆锥形，左右相接触。跗 5 节，腹端常外露，食尸性或腐食性甲虫。体长 1.5～45 毫米。体形近长方形，多黑色或褐色，常有黄、橙或红色斑点。头部多为前口式，触角11节，许多种类的端部3～4节扩大呈棒状，复眼大。前胸背板长阔相等。鞘翅盖住腹部，或超出腹端，或腹部后方 2～4 节露于鞘翅之外，端部近截形或弧形。腹部腹板可见 6 节。足长大、前足基节窝后方开口。前足基节圆锥形，跗节 5 节。多以动物尸体为食，也有捕食蜗牛、蝇蛆、蛾类幼虫或为害植物者。按习性可分为两类：一类是葬甲，以食尸甲属为代表，常是雌虫产卵于动物尸体，然后与它的配偶一起“埋葬”这个尸体，深度常达 30 厘米左右，从而为其子代幼虫提供了充足的食物和较为安全的生活环境。另一类是尸甲，以扁葬甲属为代表，它们通常在动物尸体下、尸体内爬行和取食。另有一些小型种类生活在真菌或腐烂植物组织中，也有见于蚁巢或小型哺乳动物窝内的种类。

[三十、蛛甲科]

昆虫纲鞘翅目长蠹总科的一科。统称蛛甲。重要的属有：*Gibbium*、*Mezium*、*Ptinus*、*Sphaericus*。中国已记载的属有：*Eustetus*、*Gibbium*、*Niptus*、*Ptinus*。已知有 550 种，分布于世界各地。中国记载有 6 种。

食干燥的动物与植物。有的种类为次食性，即不能为害完整的谷物，只取食其他害虫为害后造成的碎屑，所以常伴随其他害虫一起生活；亦有摄取鼠粪的种类。中国常见与分布较广的有裸蛛甲，主要分布在西北的黄珠甲，以及分布于东北与西北地区的日本蛛甲。

体小，宽卵形或细长，很像蜘蛛，红褐色至深褐色，表面光滑或覆细毛。头部与前胸背板显著窄于鞘翅。触角长，丝状，一般 11 节，极少数有 2 节与 6 节的。腹部5节。腿节棒状，跗5节。幼虫蛴螬型，足短，5节。有的种类在化蛹前作蛹室。

蛛甲科种类一般产卵多、发育快，在温湿度适宜的情况下大量发生造成危害。

除仓库外，有的在长年朽木中出现，也有的栖息于蚁巢中。

[三十一、郭公甲科]

昆虫纲鞘翅目郭公甲总科的一科。中小型，艳色，体多覆鳞毛；前足基节圆锥形，后足基节扁平，不突出于体外；下唇须斧状的甲虫。本科昆虫通称郭公甲。已知有3000种，主要产于热带与亚热带。中国记载有19属46种。

主要是肉食性，是腌肉、皮张、干鱼的重要害虫，也食害椰干、无花果干等植物性物质。很多种类捕食其他昆虫。世界各国发生较普遍的有赤足郭公甲，除为害上述物品外，成虫还捕食干酪蝇的幼虫或食其他死甲虫。赤颈郭公甲的幼虫一般为腐食性，也常发现在干的动物质物品内、动物质药材与发霉干酪上，或捕食其他昆虫的幼虫。

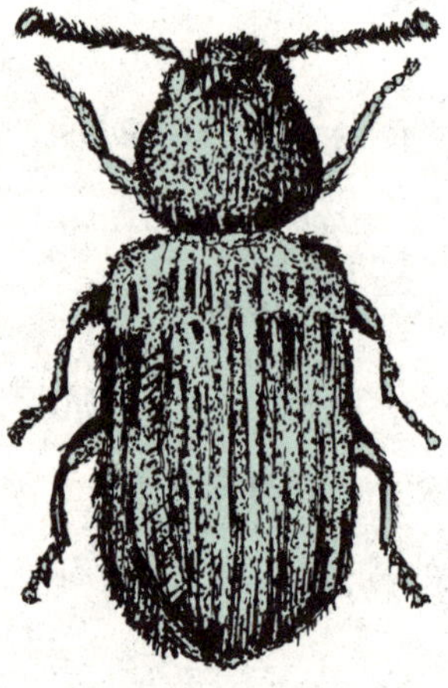

赤颈郭公虫

成虫小至中型。卵圆与长圆筒形。体色有金属光泽的蓝绿、红、黄褐色，覆鳞片与毛。复眼显著。触角11节，有锯齿状、栉齿状、棒状等。腹部可见5或6节。跗节一般5节，少数4节。幼虫衣鱼型，近于圆筒状，乳白色有色斑，腹部末端有2个尖的尾突。一般在蜂巢、蝗虫的卵块、小蠹等甲虫的蛀孔中栖息，食卵或捕食幼虫。有的种类食蝇类的蛹与死的蝇、蛆。老熟幼虫化蛹前作茧或作蛹室，同时也利用双翅类的蛹壳化蛹。少数属的种类有趋集于花上的习性。

[三十二、谷盗科]

昆虫纲鞘翅目郭公甲总科的一科。中、小型；有光泽；跗5节，第1节甚短而视若4节；前足基节横形，左右远离的甲虫。通称谷盗。世界已知650余种，主要分布于热带、亚热带与温带。中国记载7属、7种。

为害贮粮、豆类、干果、药材、谷物制品与蕈类。部分种类为捕食性。大谷盗是有名的贮粮害虫，它的幼虫也捕食其他谷物中的昆虫。暹罗谷盗是分布较温暖地区的种类，为害贮粮，有群居性，常伴随其他害虫大量发生。分布在日本与朝鲜的一种谷盗，幼虫在松树皮下捕食其他昆虫。

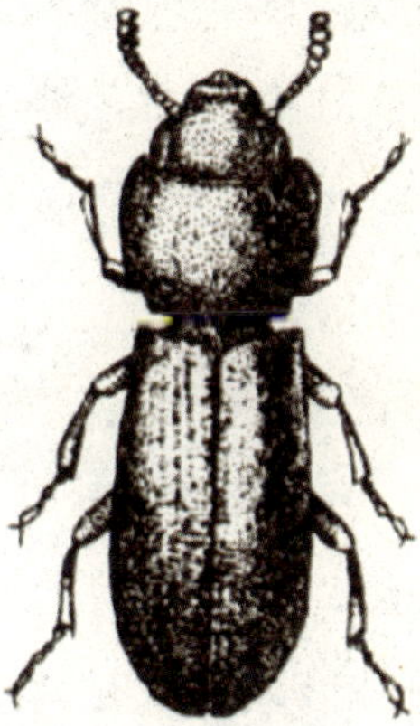

大谷盗外形

小型至中型，长椭圆形或细长与宽扁，背面光滑，黄褐与深褐色。前口式，上颚发达，复眼小。触角11节，较细，棒状。前胸背板与鞘翅基部分开略宽。足短，后足基节相连接；跗节5节，通常第1节小，第5节长。幼虫衣鱼型。具发达的口器，端部有尾钩1对。

本科昆虫除仓库的种类外，多栖息于树皮下、蕈类或尘屑中。幼虫性活泼，外形似脉翅目的幼虫，大部分为捕食性。

大谷盗为谷盗科昆虫的一种。分布中国各省、自治区。世界各国均有分布。是贮粮主要害虫之一，还为害豆类、干果、药材等。幼虫化蛹时喜在木质结构处钻孔，同时严重破坏麻袋、纸袋、木箱等包装物，面粉厂绢筛常被咬断。

体长椭圆形而略扁平，暗赤褐色与黑色，有光泽。复眼黑色，腹部腹面赤褐色。触角棒状，11节。前胸背板宽略大于长，中区向后缩窄，前缘有宽凹缘，后缘呈凸形，表面布有刻点。鞘翅基部与前胸背板明显分开，两侧近于平行，末端圆，各有纵刻点行7条。

成熟幼虫长约19毫米。体灰白色，头大而扁，与前胸背板、臀板、尾尖均为深褐色。前口式。触角小，基部附近有单眼5个。体后半部肥大，臀板有尾突2个。

成虫与幼虫喜潜伏在粮食中、麻袋缝或木板裂缝内，或钻入板中。除为害粮食外，也捕食其他昆虫。幼虫性凶猛，有时自相残杀。一般1年发生1代，热带可达3代。多数以成虫越冬，少数以幼虫越冬。幼虫化蛹前作蛹室，老熟时多蛀入木质结构内化蛹。幼虫耐饥力强。

[三十三、瓢虫科]

昆虫纲鞘翅目的一科。中、小型；体背面圆隆，腹面平坦；跗节为隐四节类；常具鲜明色斑的甲虫。本科昆虫通称瓢虫。在植物上捕食蚜虫、介壳虫、粉虱、叶螨等。虽有少数瓢虫为害栽培作物，但大多数种类为农作物害虫的天敌。

瓢虫科与鞘翅目其他各科的主要不同点是：①典型的跗节为隐四节类，第2节宽大，第3节特别细小，第4节特别细长，第3、4节连成一体，细长，称附爪端节，自第2节的凹陷或分裂中伸出；一些种类第3节退化或与第4节愈合，因而附爪端节仅有1节；但在4节瓢虫亚科中，附节的第2节不特别宽大，第3节不特别细小，第4节不特别细长，构成4节式；②可见的第1腹板在基节窝之后有后基线，仅少数属不具此特征；③下颚须末节斧状，两侧向末端扩大，或两侧相互平行；如果两侧向末端收窄，则至少前端减薄而且平截；但小艳瓢虫亚科的下颚须末节锥形、长锥形、卵形或圆筒形而向末端缩小。大多数瓢虫同时具有上述3个特征。仅有少数类群只具备其中的两个特征。

全世界记载约500属5000种。中国已记录近400种。其中，植食性的种约占1/6。食植瓢虫亚科的大多数种类取食茄科、葫芦科、菊科植物，也有的取食豆科、禾本科、葡萄科、八仙花科、毛茛科、荨麻科、五味子科、马鞭草科、茜草科等植物，少数种类取食蕨类（海金砂科）。其中一些种以栽培作物为食，例如分布于古北界的马铃薯瓢虫和分布于印度－马来亚区的茄二十八星瓢虫为害马铃薯和茄子；分布于印度－马来亚区的瓜裂臀瓢虫为害瓜类；分布于印度－马来亚区的大豆瓢虫和分布于北美的墨西哥豆瓢虫为害大豆。这些都是重要的栽培作物害虫。在瓢虫亚科中的食菌瓢虫族以真菌（白粉病菌的菌丝和孢子）为食。除此以外，瓢虫亚科的大部分和刻眼瓢虫亚科主要以蚜虫为食，小毛瓢虫亚科和小艳瓢虫亚科捕食蚜虫、介壳虫、粉虱、叶螨；其中食螨瓢虫族专食叶螨，是叶螨的重要天敌；隐胫瓢虫亚科捕食蚜虫和介壳虫；盔唇瓢虫亚科捕食有蜡质覆盖物的介壳虫（如盾蚧、蜡蚧等），其唇基向两侧和向前伸展，成为掀开蜡质介壳的特殊构造；四节瓢虫亚科和红瓢虫亚科取食绵蚜和绵蚧，其幼虫背面亦覆盖蜡粉或蜡质丝，外形与取食对象相似（拟态）。在捕食性的瓢虫中，七星瓢虫是古北界常见的蚜虫天敌，中国采取助迁和保护的方法用它来防治棉蚜；近年来，美国东北部也出现了七星瓢虫，其分布区在不断扩展。异色瓢虫也是古北界常见的蚜虫天敌，因其色斑变异很大，曾用于遗传学的研究。澳洲瓢虫于1888年从大洋洲引入美国，以防治当时严重为害柑橘的吹绵蚧。散放后的第二年，吹绵蚧的种群数量明显下降。随后，又引入到其他热带和亚热带地区，也都取得长期控制吹绵蚧的良好效果，成为引进天敌的第一个著名成功范例。小红瓢虫原产于亚洲南部，1928年自日本引入塞舌尔共和国、加罗林群岛、马里亚纳群岛、马绍尔群岛以防治塞舌尔吹绵蚧。这也是引进天敌防治害虫的成功范例之一。中国曾把大红瓢虫移殖到湖北省宜都县，以防治柑橘园内的吹绵蚧，同样取得良好的效果。

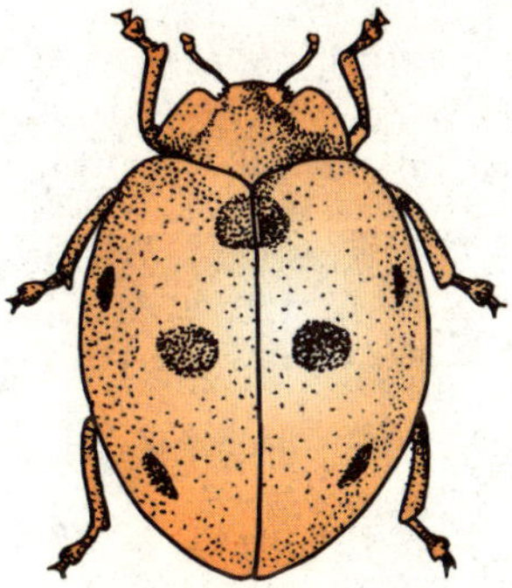
七星瓢虫

L.冈尔鲍尔（1899）曾把瓢虫科分为3个亚科：瓢虫亚科、食植瓢虫亚科和四节瓢虫亚科。佐佐治宽之(1968，1971)又把瓢虫科分为6个亚科。近年来，从冈尔鲍尔系统中的瓢虫亚科划分出小艳瓢虫亚科、小毛瓢虫亚科、刻眼瓢虫亚科、隐胫瓢虫亚科、盔唇瓢虫亚科和红瓢虫亚科，结果形成9个亚科的分类系统。这9个亚科不但各具特殊的形态特征，而且食性也有所不同。

[三十四、叩头虫科]

昆虫纲鞘翅目多食亚目叩头虫总科的一科。前胸背板活动自如，后角尖锐；前胸腹板后缘中央具突起，嵌入中胸腹板的凹槽内，后足基节横宽的甲虫。本科昆虫通称叩头虫；全世界已知8000多种，中国已知200多种。本科成虫、幼虫多为植食性、腐食性、木食性，少数为肉食性，其中有一些是农、林、牧草、蔬菜、果树的重要害虫，有很大的经济意义。

成虫多长形而略扁，小至大型；体色多乌暗，褐色或黑色，体表被细毛或鳞片，少数种类为鲜红色或金属色，光亮而无毛。头小，深嵌入胸腔内；触角丝状、栉状或锯齿状，着生于额的前缘，接近复眼，由11～12节组成，其形状和节数因雌雄而不同。前胸背板大，能活动，后角向后突出、尖锐；前胸腹板中部向后突出呈楔形，恰好插入中胸腹板前缘的沟槽中，仰卧时，能借前胸的弹动而跃起，并发出嗒嗒的响声，故有叩头虫之称。腹部可见5节腹板，彼此紧密连结，仅末端可以活动。足短，前足基节窝开放，后足基节向外侧扩展呈板状，覆盖全部或部分后足股节；各足跗节均为5节，跗节简单或分为两叶；爪单齿或具附齿或每爪内侧着生一排细齿呈梳齿状，爪的型式是区分亚科和属的重要特征。

幼虫细长，筒形而略扁，体壁坚硬、光滑、多为黄或黄褐色，俗称金针虫、钢丝虫、铁丝虫。头壳强烈骨化，具单眼，口器前口式，上唇退化，前缘凹凸不平；触角3节，很短。胸部或腹部各节等阔，前胸最大，3对胸足大小相似；腹部第9节强烈骨化，并具尾足，其端缘具齿或成对的骨化突起或钩状物，常有许多变异，是鉴定属、种的重要依据。

产于南美洲新热带区的发光叩头虫属具有发光器，与萤火虫（萤科）相似。其成虫前胸背板两侧各有一圆斑，能发光，飞行时，腹部腹面基部还露出另一发光点。卵和幼虫也能发光，幼虫的发光器位于头、胸部之间，老熟幼虫的体侧，还有许多小发光点。

成虫生活于土中、石下或植物上，为害植物的花、芽等。幼虫生活于土中，取食植物的种子、根、茎等，多为杂食性。生活期长达 3 ～ 5 年。有些种类成为重要的地下害虫。此外，有些幼虫为木食性，为害木材，如梳爪叩头虫属；还有肉食的，如阿叩头虫属。土栖幼虫的分布与土壤类型、气候条件有密切关系，如叩头虫属多分布于林带土壤中；亮叩头虫属常栖于退化的淋溶黑钙土中；心盾叩头虫属则为草原类型的代表；沟叩头虫在旱地发生严重；而细胸叩头虫在水浇地发生较多，后两种是中国重要的地下害虫。

R.A. 克劳森（1960）根据成虫和相应幼虫的特征，提出叩头科分为 6 个亚科：①发光叩头虫亚科，成虫跗爪腹面基部具一根或一束刚毛，后翅无关闭的翅室，雌虫产卵器无分节的尾须；幼虫上颚简单，无臼突，胸部背板和第 9 腹节通常比其他各节更为骨化。②叩头虫亚科，成虫跗节简单，至多第 3 节分为 2 叶，后翅臀域具 2、3 个骨化区；幼虫非蠕虫形，体节多少骨化，腹部第 9 节端部圆形或尖，颏不向端变狭。③心盾叩头虫亚科，成虫中足基节窝外侧关闭，后翅臀域有 2 个骨化区，小盾片呈心脏形；幼虫蠕虫型，体细长、不骨化，上颚裂开很深。④叶跗叩头虫亚科，成虫跗节第 1 ～ 4 节腹面膜质，端部分为 2 叶，后翅具 2、3 个骨化区；幼虫腹部第 9 节顶端呈叉状，颏向端变狭。⑤梳爪叩头虫亚科，成虫后翅仅一个骨化区；额在两触角间常呈龙骨状，跗爪呈梳齿状或简单；幼虫腹部第 9 节背板具尾突，尾突简单或分为内突和外突，腹部背板各节全部覆以相同的表被物。⑥齿爪叩头虫亚科，成虫后翅仅一个骨化区，但额在两触角间不呈龙骨状，触角着生在一个大的具明显边框的触角窝中，跗爪为附齿式；幼虫腹部第 9 节背板在尾突前具一对弯曲的背突，腹部背板第 1 ～ 6 节或第 2 ～ 7 节具特别粗糙的表被物。

沟叩头虫

叩头虫科昆虫的一种。幼虫为害小麦、大麦、玉米、高粱、棉、麻、瓜、甜菜、白菜、马铃薯、茄等，是辽宁、内蒙古、甘肃、青海、河北、山西、山东、陕西、河南等省、自治区的重要地下害虫。雄虫体长 14 ～ 18 毫米，雌虫 16 ～ 17 毫米。体形雌雄间差异很大，雄虫瘦狭，背面扁平，雌虫较粗阔，背面拱隆。体色由棕红至深栗褐色。全身密被金黄色半卧细毛。头部刻点粗密而深，头顶中央低凹，额唇基前缘明显高于上唇，上唇很小。雄虫触角 12 节，细长，约与身体等长，第 3 ～ 6 节宽扁；雌虫 11 节，短粗，向后伸展仅达鞘翅基部。前胸背板密被长毛。小盾片略呈心脏形。雄虫鞘翅狭长，两侧平行，末端略突；雌虫较肥阔，端末钝圆，表面拱凸。雄虫的足细长，各足腿节长出体侧很多；雌虫较粗短。跗节 1 ～ 4 节依次渐短，第 5 节细长，爪单齿式。幼虫黄色，并具黄色细毛；头暗褐色，扁平，上唇呈三叉状突起；自胸至腹端各节背中有 1 条细纵沟；尾端分叉，并向上弯曲，各叉内侧有 1 小齿。老熟幼虫体长 20 ～ 30 毫米。生活史长，约 3 年多完成 1 代。老熟幼虫于 8 月间做土室化蛹，20 天后羽化为成虫。当年不出土，来春开始活动，4 月间最盛，晚间出土交配。产卵土中 3 ～ 7 厘米处。成虫寿命长达 220 天左右。

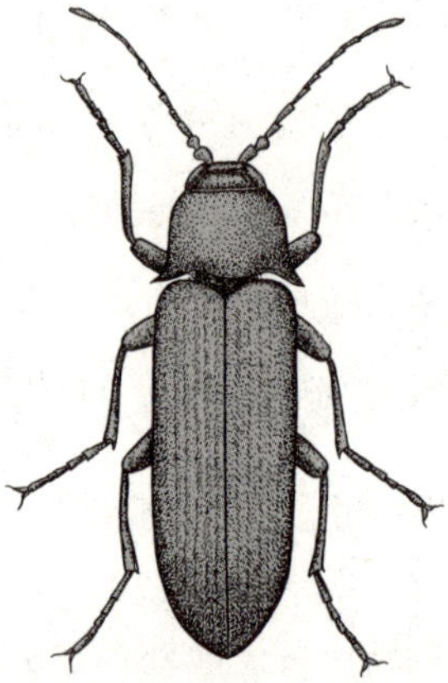
沟叩头虫

[三十五、鳃金龟科]

昆虫纲鞘翅目金龟总科中最大的一科。触角鳃叶状，腹气门在后方稍分开成 2 列，2 爪同形，不能活动，身体粗壮，幼虫土栖的甲虫。此科昆虫通称鳃金龟。

已有记载逾万种，分布几遍及全球，以热带地区种类最多。中国已记录近500种。包括很多农林业的重要害虫，具有重要经济意义。鳃金龟主要分布于欧亚大陆和南北美洲，其中一些广布属，如鳃金龟属、云鳃金龟属等，有不少种类的成虫嗜食裸子植物（如松、杉）。中国产大栗鳃金龟危害杉、云杉和松，宽云鳃金龟危害多种松树。这些种类3～6年完成1代，其幼虫（蛴螬）在土内几度越冬，长期危害农林作物。根鳃金龟种类最多，包括许多重要的地下害虫，如广布于亚洲东部的齿爪鳃金龟属有200种以上，其中有很多重要害虫，如东北大黑鳃金龟、华北大黑鳃金龟、暗黑鳃金龟等系中国北部、中部和东北地区的重要地下害虫。宽齿爪鳃金龟是漆树的害虫。霉鳃金龟属中的大头霉鳃金龟是甘蔗及其他大田作物的害虫。

鳃金龟科的识别特征是：体小到大型，通常呈卵圆形或长椭圆形，体色多呈棕、褐至黑褐，产于热带地区的种类中，有一些色泽比较艳丽。头部口器为唇基遮盖，背面不可见。触角9～10节，鳃片部3～8节。前胸稍狭于或等于翅基之宽，中胸后侧片于背面不可见。小盾片显著。鞘翅缝肋发达，常有纵肋4条，也有多至9条或完全消失者，盖达腹端，但臀板外露。后翅多发达能飞，亦有退化只留翅痕不能飞翔的（皱鳃金龟属）。腹部最后1对气门露出鞘翅之外。足短壮或较纤长，前足胫节外缘有1～3齿，内缘多有距1枚，中足、后足胫节各有端距2枚，跗节末端有同形的爪1对，少数如单爪鳃金龟族则前足爪与中足爪常大小殊异，但其后足只有爪1枚。

[三十六、犀金龟科]

昆虫纲鞘翅目金龟总科的一科。此科昆虫通称犀金龟。又称独角仙。触角鳃叶状，腹气门列后方排成2列，上颚背面可见，头及前胸常具角状或叉状突。

多分布在热带地区，尤以南美洲、北美洲种类最为丰富，非洲种类也很多，亚洲和欧洲种类最少。全球已知近 1500 种，中国记载约 30 种，多数分布在长江以南的热带、亚热带地区。

犀金龟科的主要特征是上颚甚发达，从背面可见。上唇膜质，与头部愈合。触角 10 节，鳃片部 3 节。小盾片发达显著。前胸腹板有垂突。前足基节横生，后足胫节有端距 2 枚，爪成对，对称而简单。性两态现象常很显著，不少属的雄体头上、前胸背板有简单或分叉的角突。犀金龟科包括多种鞘翅目中体型最大的甲虫，如双叉犀金龟体长达 60 毫米，细角尤犀金龟体长达 65 毫米。

双叉犀金龟

中国犀金龟种类虽少，但包括多个严重为害农林业的种类，经济意义重大，如蔗犀金龟属中的 3 种蔗龟是广东、广西、福建、台湾、云南五省、自治区甘蔗的头等害虫。椰蛀犀金龟不仅是大洋洲重要经济作物椰子树的首要害虫，也是中国广东南部和海南椰子及其他棕榈科经济作物的严重威胁。中国北部属于古北区系的阔胸犀金龟是华北、东北地区的重要地下害虫之一。中国的滑异爪犀金龟分布于广西、云南和贵州，不仅危害甘蔗，而且危害旱稻、湿润秧田的秧苗等。双叉犀金龟雄虫用作中药材，称为独角蜣螂，其功用同蜣螂。

[三十七、丽金龟科]

昆虫纲鞘翅目金龟总科的一科。触角鳃叶状，一对爪不等长、可相互活动，体色多较鲜艳的中、大型粗壮甲虫。通称丽金龟。分布遍及全球，热带地区最多。

世界记载3500余种，中国记载近300种。中国种类主要是东洋区成分，古北区成分较少。中国虽少特有属，但特有种却不少，如异丽金龟属中的草褐异丽金龟、深绿异丽金龟以及喙丽金龟属中的许多种。本科种类盛发于森林和平原，许多种类为害乔木、果树、灌木、绿化观赏树和树苗，特别是阔叶树被害严重。其幼虫（蛴螬）在地下对很多作物造成大害，甚至可达到毁灭性的损害。经济上重要的种类如铜绿异丽金龟是江苏、浙江、山东及华北和东北南部广大地区的主要地下害虫种类之一，中华弧丽金龟（又名四纹丽金龟）是华北、东北的重要地下害虫，额喙丽金龟是新疆防护林带的首要害虫。

本科种类大多体色艳丽，有铜绿、古铜、墨绿、金紫、翠绿等强烈金属光泽，不少种类体色单调，呈棕、褐、黑等色，其上或有深色条纹和斑点。体多为卵圆形或椭圆形，背面、腹面弧形隆拱，触角9节或10节，鳃片部3节。小盾片显著。腹部气门前3对着生在背腹板间的侧膜上，后3对位于腹板上端部。后足胫节有端距2枚。各足跗节端部有1对形状不等的爪，较大的爪末端常分裂。

铜绿异丽金龟

丽金龟科的一种。又称铜绿金龟子，铜壳螂。中国在黑龙江、吉林、辽宁、河北、内蒙古、宁夏、陕西、山西、山东、河南、江苏、安徽、浙江、湖北、江西、湖南、四川等省、自治区均有分布；朝鲜半岛和蒙古也有分布记录。成虫体长16～22毫米，体阔8.3～12毫米。中型甲虫。体长卵圆形，背腹扁圆，体上面铜绿色，头面、前胸背板色泽显深，鞘翅较淡而泛铜黄色。唇基前缘、前胸背板两侧呈淡褐色条斑。臂板黄褐色，常有形状多变的1～3个铜绿或古铜色斑。腹面多呈乳黄或黄褐色。头大，唇基短阔，梯形，头面布皱密刻点。触角9节，鳃片部3节。前胸背板大，侧缘略呈弧形，最阔点在中点之前，前侧角前伸尖锐，后侧

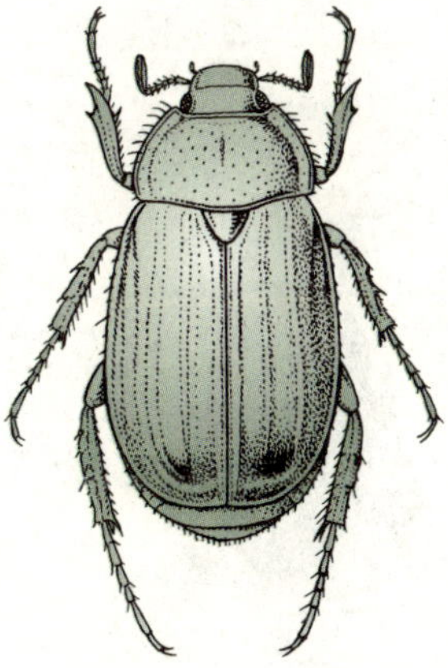

铜绿异丽金龟形态

角钝角形，后缘边框宽，前缘边框有显著膜质饰边。小盾片近半圆形。鞘翅密布刻点，背面有2条清楚纵肋纹，缘折达到后侧转弯处，翅缘有膜质饰边，胸下密被绒毛。腹部每腹板有毛一排。前足胫节外缘2齿。

铜绿异丽金龟是中国黄淮一带粮棉区的主要地下害虫之一。1年发生1代。以老熟幼虫越冬。成虫杂食而量大，喜食苹果、杨、榆、核桃等树叶，是果园、林木的重要害虫。蛴螬在土内为害作物根系，尤喜取食马铃薯、甘薯等块茎、块根和花生果。

[三十八、龙虱科]

昆虫纲鞘翅目的一科。水生。成虫体流线型，背腹面隆拱；触角长，11节，丝状；下颚须短；后足转化为游泳足，基节增大，接近于鞘翅侧缘。腹部有6～8腹板。本科昆虫通称龙虱。中国记载约160种。

全变态。成虫游泳敏捷，经常将腹末突出水面，由腹末的小孔排出气室里的二氧化碳并吸入氧，进行气体交换；雌虫用产卵管刺破水生植物皮层，产卵其中；成虫能飞，偶尔飞趋灯光。幼虫称水蜈蚣，圆柱形，头略圆，有锐利的上颚1对，每上颚沿内缘有一条小管道；幼虫常倒悬水中，腹末伸出水面，由腹末气门进行呼吸；幼虫成熟后在水边湿土上筑蛹室化蛹。

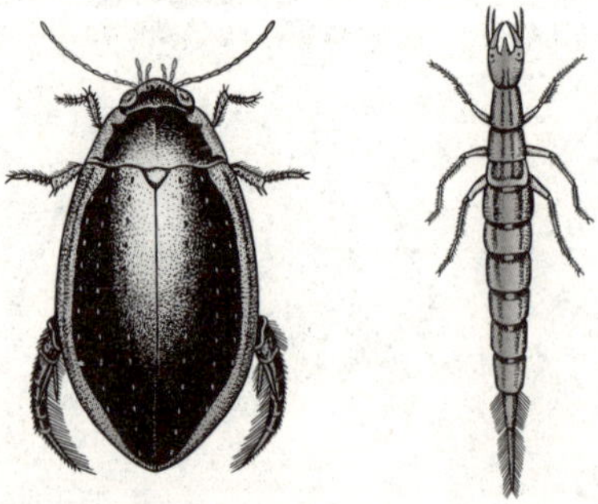

成虫　　幼虫

卢氏潜龙虱

龙虱成、幼虫均肉食性，捕食多种水生小动物。在鱼塘，幼虫一夜间可猎食鱼苗多尾，为害严重，个体大的龙虱可作为药材和食品，能治小孩遗尿。过去每逢秋后，在广州市面上常有出售。

潜龙虱属的龙虱多为大型种，中国已记载9种。生活于湖泊、池塘、鱼塘以及有水草的小溪和水沟；分布极广，从东北至海南、从江苏至西藏均有记录；除南美外世界各国均有分布。

体长 13 ~ 42 毫米。体躯中后部胀大，后端稍尖，背棕黑，常有绿色反光，沿前胸和鞘翅两侧有棕红色带；头部略半圆，上颚大而尖；足 3 对，后足稍扁，披长毛，为游泳足，雄虫前足跗节基部 3 节显著胀大，腹面有数列吸盘，披毛成刷、鞘翅紧贴腹部背面两侧，两者之间形成一气室，贮存空气。

[三十九、皮蠹科]

昆虫纲鞘翅目皮蠹总科的一科。小型暗色；棒状触角常藏体下；跗 5 节；前足基节圆锥形斜位，基节窝开放；后足基节板状，有沟槽可容纳腿节；幼虫多毛的甲虫。本科昆虫通称皮蠹。包括 6 亚科 34 属，约 700 种，分布于世界各地。中国已知 8 属约 40 种，遍布全国各地。

本科很多种类具有经济意义，主要为害生皮张、干鱼、咸肉、蚕茧、生丝、皮衣、毛织品、毛呢服装、动物性药材，部分为害谷类和豆类。生活力强，可在野外也可在室内繁殖，大量发生时可造成一些贮藏品的重大损失。分布于中国南方诸省的白腹皮蠹是生皮张、干鱼、鱼粉的大害虫。遍及中国各省、自治区的钩纹皮蠹与遍及中国大部地区的拟白腹皮蠹是生皮张与蚕茧的大敌。花斑皮蠹肉食性兼植食性，与中华圆皮蠹、红圆皮蠹等同样是毛织品、皮毛等的主要害虫。黑皮蠹是为害谷物等贮藏品普遍的种类。此外，谷斑皮蠹在国际上已被列为重要检疫对象。

体小，卵圆形与长卵形，暗色，密生鳞片与毛，多形成不同毛色的斑纹。触角短，11 节或 10 节。棒状与球杆状，休止时常收纳在前胸背板前部腹面两侧的触角窝内。复眼大，除皮蠹属外，有单眼 1 个，后翅发达适于飞翔。腹板 5 节。足短，腿节腹面具凹沟以纳胫节；胫节常具刺跗节 5 节。

幼虫密生刚毛。触角短，3节。单眼着生于头两侧，每侧6个。一些种类腹部末端具长尾毛。

本科包括6个亚科：皮蠹亚科、毛皮蠹亚科、鬃皮蠹亚科、圆皮蠹亚科、光皮蠹亚科、异皮蠹亚科。

花斑皮蠹

皮蠹科昆虫的一种。分布于中国西北、华北、华东等地区。阿富汗、伊朗、伊拉克、苏联也有分布。杂食性害虫。为害谷类、花生、蚕茧、螵蛸、羊毛、毛织品、毛呢服装、昆虫标本等动植物性干物质，还破坏塑料与铅皮等。除仓库外，也在家室内出现。

体长约3毫米，卵圆形，赤褐色至深褐色，着生黄褐色、白色细毛。触角11节，棒状，棒节逐渐变粗，长可达前胸背板基部。前胸背板两侧圆，向前端呈弧形，后缘中间突出，两侧刻点密于顶区。鞘翅具褐色与暗红色环状纹与花斑，有时不完全或不明显，覆短而稀疏的毛，雄虫棒节长，有7节；雌虫触角棒节4节，末端则为圆锥形。

幼虫长约5毫米。乳白至黄褐色，着生褐色毛。头每侧有单眼6个。触角3节。体着生芒刚毛，背板侧部生箭刚毛。腹后部有1束细的尾须。

此虫生活力极强，可耐饥寒，食物缺乏时可忍饥数月，甚至达数年，不过体躯逐渐缩小，须待重新获食后再行恢复。以幼虫在仓库中的缝隙或粮食碎屑中越冬。

[四十、长角象科]

昆虫纲鞘翅目象虫总科的一科。已知约2900种，主要分布于热带，尤以印度－马来界为多，温带较少。中国主要种类有：咖啡豆象，为重要的仓库害虫；

蜡蚧象，为白蜡蚧的天敌；荻粉长角象，危害用作造纸原料的荻。

长角象体小型或中型。喙短而宽；上唇明显而分离，下颚须4节，柔软可弯曲；外咽缝有的消失；触角细长，不呈膝状，仅端部3节膨大，有的触角很长，形如天牛；前胸后缘有隆线，并延伸至前胸两侧，腹部腹板5节。成虫多出现于死枝条和树皮下。幼虫有短足或无足，一般生活于寄主植物的木质部或危害种子；有些种类为肉食性，取食介壳虫。有报道，长角象有生活于真菌中的。

[四十一、卷叶象科]

昆虫纲鞘翅目象虫总科的一科。中小型，体无鳞片，头基部可延成颈状，触角不呈膝状。跗节假4节型的甲虫。通称卷叶象。中国已记录100余种，不少种类是果树林木的害虫。

小或中型。身体无鳞片，一般体色艳丽，具金属光泽。喙延长或头基部延长；上唇消失，下颚须4节；外咽缝愈合。触角不呈膝状，末端3节呈棒状。喙长，上颚扁平，内外缘具齿，腹板1～2节愈合；或喙短，上颚外缘无齿，腹板1～4节合生。雌虫能切叶卷筒，卵产于卷筒内，幼虫以筒巢为食；或能钻蛀果实，卵产于果中，幼虫为害果实。

中国重要种类有梨虎象、杏虎象、葡萄卷象和广泛分布的尖尾卷象。

[四十二、三锥象科]

昆虫纲鞘翅目象虫总科的一科。体狭长；头延伸成长喙；触角线形，不呈膝状；跗节假4节型的甲虫。通称三锥象。

全世界已知约1300种，多数产于热带。以印度、马来及新热带界为多，少数分布于非洲、大洋洲、古北界和新北界。

小至中型。体瘦长，体壁光滑。喙通常因性别而异：雌虫喙细长如棒，向前伸出，触角不呈膝状，末3节很少呈棒状，从喙基部斜伸，头部宛如三锥；雄虫喙短或略短。前胸延长，在前足基节前特别延长，后缘近基部收缩；鞘翅狭长，刻点行明显；转节短，腿节基部与基节接触；腹板5节。幼虫体短，无足。一般食植物木质部，稀有捕食种类。中国重要种类有甘薯小象。

[四十三、负泥虫科]

昆虫纲鞘翅目叶甲总科一科。此科昆虫统称负泥虫。叶甲总科中较原始的类群。包括7个亚科。

中国约有200多种，分属5个亚科：距甲亚科、瘤胸叶甲亚科、茎甲亚科、水叶甲亚科和负泥虫亚科。前2个亚科分布在古北界和东洋界，中国南北方均有分布；茎甲亚科主要分布在东洋界、非洲界和澳洲界，中国限于北纬31°以南；水叶甲亚科主要分布在全北界和东洋界，其他区较少，新热带界则无，中国南北方均有分布；负泥虫亚科在动物六大界内全有分布，中国南方明显比北方多。

负泥虫体中型至大型，有时具花斑，一些类群有金属光泽，一些类群色泽十分艳丽。成虫头型前口式，后头发达，一般眼凹较深，前胸背板两侧无边框，后腿节粗大，后翅有一个臀室，雄虫外生殖器一般环式。幼虫形态差异较大，呈现不同的适应方向，距甲幼虫体形较直，背、腹面有瘤突，瘤胸叶甲幼虫体较平扁，茎甲幼虫肥厚，呈C形；水叶甲幼虫头小，形似蝇蛆，腹部末端有一对发达的气门，负泥虫幼虫背面明显隆起，肛门在背面。

负泥虫习性比较复杂，食性范围较广，主要取食单子叶和双子叶植物，其中一些亚科或属对寄主有一定选择范围。距甲亚科的一些属常发生在豆科植物上。

幼虫在植物的嫩梢中取食，老熟后落地，在土下做室化蛹。瘤胸叶甲亚科主要取食柳科植物，幼虫潜叶，食叶肉，老熟后脱叶入土，做室化蛹。茎甲亚科主要发生在豆科植物上，幼虫在植物茎干内取食，被蛀部分膨大成虫瘿，在瘿内结茧化蛹。水叶甲亚科多发生在禾本科植物上，幼虫在水中食根，用腹端的气门插在根中进行呼吸，在近表土处做茧化蛹。负泥虫亚科常发生在禾本科、鸭跖草科、菝葜科等植物上，幼虫在叶表取食，将排泄物背在背上，老熟后结茧化蛹。

距甲亚科是此科最典型的保持较多原始特征和习性的类群，如上颚单齿、中唇舌两叶敞开，有中胸发音器，各足胫端具双距，爪具爪间突，阳茎具一对中突，幼虫蛀茎。负泥虫亚科代表较进化的类群，它的阳茎不同于其他亚科，为半环式。豆象科实属负泥虫科这一支系，它的成虫和幼虫形态以及某些主要习性与茎甲、距甲十分相近，因此过去将它归入负泥虫科。但是由于豆象科作为一个科已经历史悠久，故仍予以保留。锯胸叶甲亚科过去包括在负泥虫科内，但它的前足基节窝开放式，阳茎全环式，不同于负泥虫科，现在趋向于归入叶甲科。

负泥虫中的一些种类是农业的大害虫，如水稻食根虫、水稻负泥虫。谷子负泥虫是中国重要的粮食害虫。白蜡梢距甲是中国林业新发生的一种害虫。枸杞负泥虫普遍发生在中国北方，严重影响枸杞的生长。

水稻负泥虫

昆虫纲负泥虫科一种。俗称牛屎虫、巴巴虫。分布于中国黑龙江、吉林、辽宁、陕西、浙江、湖北、湖南、福建、台湾、广东、广西、四川、贵州、云南。朝鲜半岛和日本也有分布。成虫体长3.7～4.6毫米，体宽1.6～2.2毫米。头、触角（基部两节橙红色）、小盾片钢蓝或接近黑色。前胸背板（除前缘与头同色外）、足大部（基节、胫端及跗节黑色）橙红色。鞘翅深蓝并带金属光泽。体腹面一般黑色。背面光洁无毛。头、触角和体腹面被金黄色毛。头具刻点；头顶后方有一纵凹，触角长度几达体长的1/2。前胸背板长大于宽，前后缘接近平直，两侧前部近于平行，中部以后收狭，基横凹不深，正中央有一短纵沟，横凹前微隆；刻点较密，其凹

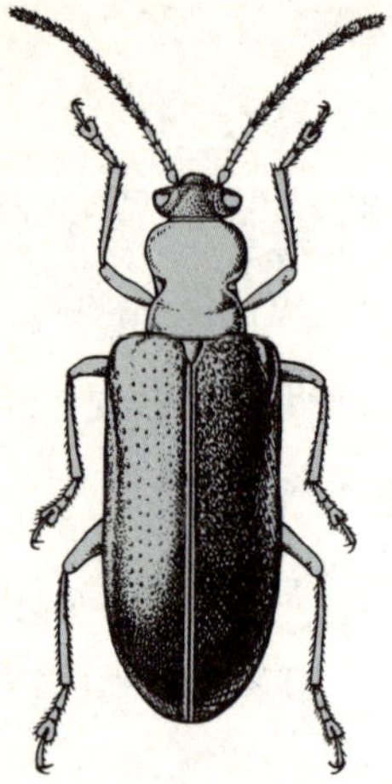
水稻负泥虫外形

处更为明显，中纵线有2行排列极不规则的刻点；小盾片倒梯形，表面无刻点。鞘翅两侧缘近平直，肩胛内侧有一浅凹；刻点行整齐，基部和末行刻点较粗大，行距平坦；小盾片刻点行整齐，有3～6个刻点。卵长椭圆形，长约0.7毫米。幼虫近于梨形，背面明显隆起。

水稻负泥虫是中国水稻的重要害虫，为害秧苗和稻田的禾苗，成虫、幼虫沿叶脉取食叶肉，在叶尖部分则食穿表皮。大发生年受害严重的禾苗全部变白，或造成禾苗生长黄弱，抽穗不齐，稻谷减产。1年发生1代，以成虫在稻田附近的禾本科杂草根际和叶鞘中越夏、越冬，取食一段时间即交尾产卵。卵在秧苗和稻叶的正面，一般靠近叶尖，卵块排成两行，每块有1～27粒卵。幼虫共4龄，初孵幼虫群集为害，以后逐步扩散到他处为害，幼虫排泄物堆积在背面，老熟后脱去背面的排泄物爬至水面部的叶片或叶鞘结茧准备化蛹。除危害水稻外，受害作物还有粟、黍、小麦、大麦、玉米、芦苇、糠稷、茭白。

枸杞负泥虫

昆虫纲负泥虫科的一种。俗称十点叶甲。中国除东北、西南外，大部分省、自治区均有分布。朝鲜半岛、日本均有记载。此虫体长型，体长4.5～5.8毫米，体宽2.2～2.8毫米。头、触角、前胸背板、体腹面、小盾片蓝黑色；鞘翅黄褐至红褐，每个鞘翅具5个近圆形黑斑（肩部1个，中部前后各2个）。鞘翅斑点的数目和大小均有变异，有时全部消失。足黄褐至红褐色，一般基节、腿节端部和胫节基部黑色。头部刻点粗密，头顶平坦，中央有一条纵沟，沟中央具一凹窝；触角粗壮，伸达翅肩。前胸背板近于方形，

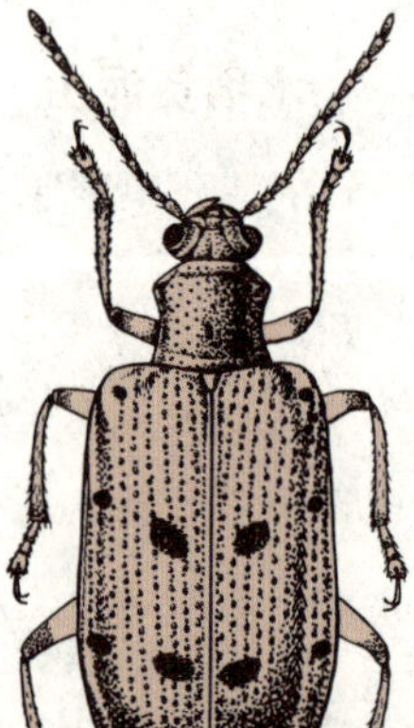
枸杞负泥虫外形

表面较平，散布粗密刻点，基部前的中央有一个椭圆形深凹窝。鞘翅末端圆形，翅面刻点粗大。小盾片刻点行有4～6个刻点，明显小于翅面其他刻点。卵橙黄色，长圆形。幼虫灰黄色，前胸背板黑色，胸足3对发达；蛹淡黄色。此虫在中国发生普遍，为害严重，1年约有5代。成虫产卵于叶面或叶背，排成“人”字形。成虫、幼虫均食叶，以幼虫为甚，使叶片呈不规则的缺刻或孔洞，最后仅留叶脉。受害轻者，叶片被排泄物污染，影响生长和结果；大发生时，全株枸杞叶片、嫩梢被害，严重影响枸杞的产量。幼虫老熟后入土化蛹。

[四十四、天牛科]

昆虫纲鞘翅目叶甲总科的一科。统称天牛。中、大型，长筒形；触角长、鞭状、刚劲；跗节假4节型；幼虫蛀木。

全世界已知25000种以上，中国已知2000多种。天牛是植食性昆虫，大部分危害木本植物，如松、柏、柳、榆、柑橘、苹果、桃和茶等；一部分危害草本植物，如棉、麦、玉米、高粱、甘蔗和麻等；少数危害木材，如建筑、房屋和家具等，是林业生产、作物栽培和建筑木材上的重要害虫。

成虫体呈长圆筒形，背部略扁；触角着生在额的突起（称触角基瘤）上，具有使触角自由转动和向后覆盖于虫体背上的功能；各足胫节均具2距，跗节隐5节，显4节。爪通常呈单齿式，少数呈附齿式。除锯天牛类外，中胸背板常具发音器。幼虫体粗肥，呈长圆形，略扁，少数体细长。头横阔或长椭圆形，常缩入前胸背板很深。触角很小，2节或3节，第2节上有一尖而透明的突起。上颚有两种形式：一种粗短，切口呈凿形；一种细长，切口呈斜凹。前胸背板两侧和中央有条纹，背板的刻纹、粗糙颗粒和毛被是分类的重要特征。胸足有的发达，有的若小针，有的退化或完全消失。腹部10节，第6、7节背面和腹面具步泡突，以便在树干隧道内行动，第9节背面通常发达，有时具1对尾突。肛门开口于末节后端，通常1～3裂。卵的形状因种类不同而异，一般狭长，有时较阔呈圆柱形、椭圆形或卵形、梭形、扁圆形。蛹为裸蛹，身体形状和头、胸附器的比例均与成虫相似。

天牛生活史因种类而异，有的1年完成1代或2代，有的2～3年甚至4～5年才能完成1代。在同一地区，食料的多寡以及被害植物的老幼和干湿程度都影响幼虫的生长发育和发生的代数。一般以幼虫或成虫在树干内越冬。成虫羽化后，有的需进行补充营养，取食花粉、嫩枝、嫩叶、树皮、树汁或果实、菌类等，有的不需补充营养。成虫寿命一般10余天至1～2个月；但在蛹室内越冬的成虫可达7～8个月；雄虫寿命比雌虫短。成虫活动时间与复眼小眼面粗、细有关，一般小眼面粗的，多在晚上活动，有趋光性；小眼面细的，多在白天活动。成虫产卵方式与口器形式有关，一般前口式的成虫产卵时将卵直接产入粗糙树皮或裂缝中；下口式的成虫先在树干上咬成刻槽，然后将卵产在刻槽内。各种类产卵的刻槽不同，如粒肩天牛（桑天牛）和青杨楔天牛的刻槽呈U字形；光肩星天牛和墨天牛（松天牛）的刻槽呈椭圆或唇形；星天牛的刻槽呈T字或I字形。天牛主要以幼虫蛀食，生活时间最长，对树干为害最严重。当卵孵化出幼虫后，初龄幼虫即蛀入树干，最初在树皮下取食，待龄期增大后，即钻入木质部为害，有的种类仅停留在树皮下生活，不蛀入木质部。幼虫在树干内活动，蛀食隧道的形状和长短随种类而异。幼虫在树干或枝条上蛀食，在一定距离内向树皮上开口作为通气孔，向外推出排泄物和木屑。幼虫老熟后即筑成较宽的蛹室，两端以纤维和木屑堵塞，而在其中化蛹。蛹期10～20天。

天牛的分布与自然地理条件有关。中国天牛种类属于古北界及东洋界区系，以东洋界种类最多。古北界的代表种有云杉大墨天牛（云杉大黑天牛）、云杉小墨天牛（云杉小黑天牛）、青杨楔天牛、光肩星天牛和红缝草天牛等；东洋界的代表种有蔗根土天牛、栎凿点天牛、木棉天牛和星天牛等。中国天牛还具一些特有种、属，如橘绿天牛分布于四川，危害柑橘；豹天牛属分布于陕西、四川和云南，危害杨属和柳属的植物。经济上重要的广布种有粒肩天牛、双条杉天牛、桑虎天牛和墨天牛等。狭布种有：大山坚天牛（大山锯天牛），仅分布于黑龙江，危害蒙古栎；虎纹瓜天牛，分布滇南，危害油瓜。天牛成虫飞翔力不强，幼虫营蛀干生活，它的分布还受人为因素的影响，苗木和木材的调拨运输使天牛分布区扩大，如家茸天牛原分布古北区，现向南扩展，几乎遍及全国，因此研究天牛的地理分布与植物之间的关系，对木材的运输和检疫、农业生产规划和天牛的综合治理上能起到预见性和指导性的作用。

天牛危害的植物中，最早出现的是裸子植物的松杉目，松杉目在古生代石炭纪开始出现，在中生代三叠纪大量出现，到侏罗纪已相当发达。据苏联古生物学者 A.B. 马丁诺夫报道，在突厥斯坦发现了侏罗纪类似异天牛属的化石。在天牛类群中，异天牛属并不是最原始的类群，它比狭胸天牛、锯天牛、幽天牛、花天牛等起源晚。最原始的类群是狭胸天牛类。因此，天牛的起源可以追溯至比侏罗纪更早的地质年代。从天牛比较形态、生活习性以及各类天牛在自然界中存在的种类与植物之间平行演化关系上，大体可以看出沟胫天牛类是天牛科中最后起、最进化的类群。有人从大陆漂移的观点，认为沟胫天牛类是最原始的类群。

对于天牛科和亚科的分类，意见不一。为了方便起见，中国采用的系统是把天牛归纳为一个科，科下分 6 个亚科，即锯天牛亚科、瘦天牛亚科、幽天牛亚科、花天牛亚科、天牛亚科和沟胫天牛亚科。

天牛的幼虫蛀食树干和树枝，影响树木的生长发育，使树势衰弱，导致病菌侵入，也易被风折断。受害严重时，整株死亡，木材被蛀，失去工艺价值。

[四十五、铁甲科]

昆虫纲鞘翅目叶甲总科的一科。体背常具各色刺突或瘤，统称“铁甲虫”。全世界已知6000～7000种，主要分布于热带和亚热带地区；中国已知400余种，绝大多数分布于长江以南。长江以北种类极少。

体一般小型，长形（龟甲亚科体圆形或卵圆形），体色多幽暗；体背具刺种类多产于旧大陆。南北美洲的种类均无刺，但鞘翅常具瘤或行距呈脊状隆起。脊、瘤、刺代表铁甲科发展的 3 个不同阶段，即由脊发展为瘤，由瘤发展为刺。美洲的种类尚未达到有刺的阶段。

铁甲科种类的头插入胸腔内，口器下口式或后口式，仅腹面可见，有时部分或大部分隐藏于胸腔内；爪半开式或全开式。具刺的种类前胸和鞘翅均有刺，触角上有刺或无刺。前胸上的刺着生于背板的前缘和侧缘；鞘翅上的刺着生在第 2、第 4、第 6、第 8 行距上，排列有一定的顺序，称为刺序。前胸刺的数目、鞘翅的刺序以及触角刺的有无，是属种分类的重要依据。幼虫露生或潜叶，体形扁平有的尾端有一对尾叉，寄生在单子叶或双子叶植物上，有些种类是禾本科植物（如水稻、玉米、竹、甘蔗等）的重要害虫。

从成虫的形态和幼虫的习性来看，铁甲科是一个均一的自然类群。关于此科的分类地位，尚存意见分歧。F. 夏普伊（1874）把它归入隐口类，此类包括两个亚科，即铁甲亚科和龟甲亚科，隶属于叶甲科内。一般的昆虫学教科书现在仍采用这一系统。R.A. 克劳森（1955）把两个亚科合并为一个铁甲亚科；P. 约维勒（1959）把它们提升为两个不同的科；陈世骧（1983）把此科隶于叶甲总科，下分 4 个亚科，即潜甲亚科、铁甲亚科、丽甲亚科和龟甲亚科。

铁甲科在中国的重要经济种类的单种有水稻铁甲、玉米趾铁甲等。

[四十六、叶甲科]

昆虫纲鞘翅目叶甲总科的一科。体色多艳丽，有光泽；头亚前口式，前唇基明显分出，其前缘平直，前胸背板两侧具边框，跗节假 4 节型的甲虫，通称叶甲。又称金花虫。是鞘翅目的大科之一。

中国记载约1500种。根据陈世骧的叶甲总科分类系统，此科包括叶甲亚科、萤叶甲亚科、跳甲亚科、锯胸叶甲亚科等4个亚科。

叶甲科昆虫为世界性分布。中国以东洋界种类最为丰富。但叶甲亚科则以古北界占优，锯胸叶甲亚科中国仅知1属1种，分布于北京、山西和东北地区。

叶甲科种类丰富，广布于各种自然环境中。中国科学院青藏高原科学考察队曾在西藏日土海拔5300米的荒漠草原采到超高萤叶甲和条翅萤叶甲日土亚种，在普兰朗玛拉巴海拔5400米处采到普兰蚤跳甲，这是迄今叶甲科分布最高的海拔记录。

叶甲科成虫和幼虫均为植食性，取食植物的根、茎、叶、花等。许多种类对农作物、蔬菜、林木、果树、牧草造成严重危害，例如世界著名的害虫马铃薯甲虫即属此科。叶甲的寄主植物以被子植物为主，裸子植物极少。寡食类群中，叶甲的分类系统与寄主植物之间常呈现平行现象。即很多叶甲“属”以一个或几个近缘的植物“科”为其寄生范围。例如，弗叶甲属、圆叶甲属以柳科植物为寄主；菜跳甲属寄生于十字花科；潜跳甲属、橘齿跳甲属寄生于芸香科植物；毛跳甲属取食茄科植物；叶甲属取食柳科和桦木科；扁叶甲属取食胡桃科和桦木科。单食性种类中，有些已被用于生物除草。

成虫多有艳丽的金属光泽。跗节为假4节型，实际5节，其第4节极小，隐藏于第3节的两叶中。头型为亚前口式，唇基不与额愈合，前部明显分出前唇基，其前缘平直。前足基节窝横形或锥形突出，基节窝关闭或开放。触角细长、丝状或近似念珠状，一般11节，个别9或10节。锯胸叶甲亚科各足胫端具双刺；前胸背板两侧无边框，其中部具数齿；头部后头长，复眼后缘不与前胸背板相接触。其他三亚科各足胫端仅具1刺，前胸背板两侧具边框，头部嵌入胸腔很深，复眼后缘与前胸背板前缘接触。叶甲亚科的触角则着生于额的两侧，接近上颚基部，彼此相距颇远。萤叶甲和跳甲亚科触角着生在额的中部，位于两复眼之间。跳甲亚科后足腿节特别粗大，具内骨骼跳器，有跳跃能力；萤叶甲亚科后足腿节细长，无跳器，不能跳跃；两者易于区分。

成虫鞘翅一般盖及腹端，后翅发达，有一定飞翔能力。但许多在土、石下生活的种类，后翅常退化直至消失。高山空气稀薄，气候寒冷，风力强劲，在这里飞翔能力成为叶甲适应环境的不利因素，故不飞翔。土栖、石栖反而成为进化的方向。因此，许多真正适应高山高原环境的叶甲，如高山叶甲属和金叶甲属的高山种都已失去后翅，而萤叶甲亚科的短鞘萤叶甲属和跳甲亚科的丝跳甲属的某些种不仅后翅消失，鞘翅亦大为减缩，成为残留器官。它们组成高山高原区系的特有类群。

成虫的雌雄次特性征比较明显，雄虫腹末节端缘多呈三叶状或中央具圆形、三角形凹窝；前、中足第1跗节呈梨形膨阔。雌虫腹端圆形拱凸，跗节正常。

幼虫蛃型，口器咀嚼式，触角3节，胸足3对，体表常具瘤突和毛丛。幼虫的生活方式相当不一致。叶甲亚科大部为裸生食叶，幼虫老熟入土化蛹、或悬垂叶下化蛹，如核桃扁叶甲属、叶甲属。牡荆叶甲在寄主植物茎枝间用粪便筑巢，幼虫匿居食茎，保持叶甲总科中较原始的取食习性。角胫叶甲属有胎生现象。萤叶甲和跳甲亚科大部在土中外寄生食根，如守瓜属、菜跳甲属、蚤跳甲属等。也有一些属，如跳甲属、毛萤叶甲属、小萤叶甲属、瓢萤叶甲属裸生食叶。还有个别是潜叶蛀茎为害的，如橘潜跳甲潜叶，玉米旋心虫、粟凹胫跳甲蛀食苗茎基部。

榆树叶甲

昆虫纲鞘翅目叶甲科一类危害榆树的昆虫。

种类主要有榆蓝叶甲、榆黄叶甲、榆紫叶甲、榆夏叶甲4种。

榆蓝叶甲成虫体长7～8.5毫米，体黄褐色，鞘翅绿色，头顶有一钝三角形黑斑，前胸背板淡黄色，具3个黑色斑纹，中间一个倒葫芦形，两侧为卵形。

分布于中国的河北、北京、河南、江苏、山东、山西、甘肃、内蒙古等省、自治区及东北地区。在辽宁1年发生2代，山东发生3代，越冬后，次年4月开始上树为害。4月底5月初开始出现第1代幼虫，6月初成虫开始羽化；6月下旬出现第2代幼虫，7月下旬成虫开始羽化；8月中旬出现第3代幼虫，9月上旬第3代成虫出现。成虫、幼虫均取食榆叶。初孵幼虫群集于卵壳周围取食叶肉，然后分散为害，可将榆叶咬成仅留叶脉的网状，严重时整个树冠一片枯黄。幼虫老熟后由树枝向下爬行，常于主分叉处或伤疤、粗皮缝内、石块下以数百甚至数千头集中化蛹。

榆黄叶甲成虫体长6.5～7.5毫米，前胸及鞘翅棕黄色，头顶有一个桃形黑纹。前胸背板具3个黑色斑纹，中央的一个长形，两侧的卵形。腹面色泽变化很大，有时全呈棕黄色，或中后胸腹板及腹部为黑褐色。

分布于中国的东北、西北、华东和华南各地，俄罗斯西伯利亚、朝鲜半岛、日本等也有发生。1年发生2代。生活习性均与榆蓝叶甲相似，常与榆蓝叶甲混合发生，共同为害，但数量显然少于前者。

榆紫叶甲成虫体长10.5～11毫米，前胸背板及鞘翅上有紫红色与金绿色相间的光泽，头及足深紫色，有蓝绿色光泽，并有多种色泽变化。分布于中国的吉林、

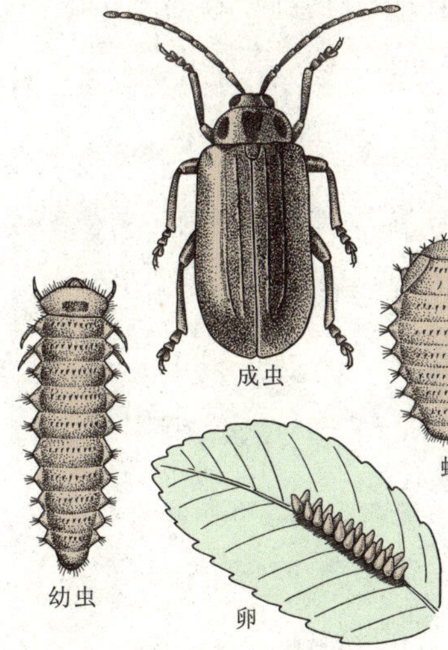

榆蓝叶甲

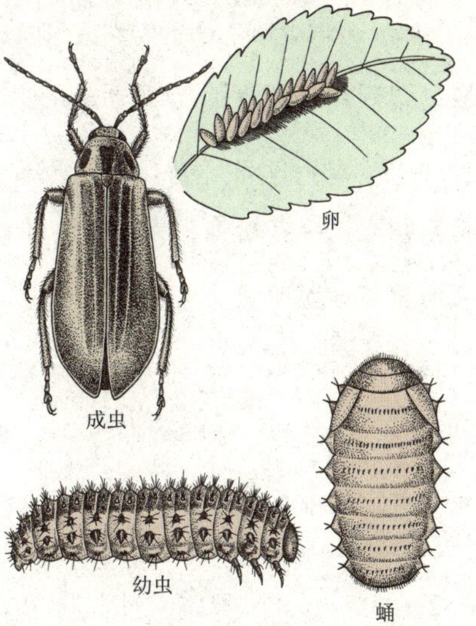

榆黄叶甲

黑龙江、辽宁、内蒙古、河北等地。1年发生1代，以成虫越冬、越夏。成虫不能飞翔，假死性较强。成虫、幼虫均沿叶缘取食使叶成缺刻，以夏眠前取食最多。虫口密度大时，常将叶肉食尽，仅残留主脉。卵产于枝梢或叶片上。

榆夏叶甲成虫形态与榆紫叶甲十分相似，但前胸背板侧缘向前方突出较显著，鞘翅上行间刻点较密。分布于中国的江西、浙江、江苏等地，生活习性也与榆紫叶甲相似。

榆树叶甲食性较专一，可通过营造混交林防止其发生蔓延。其他防治措施包括严格控制苗木调运时的传播，保护天敌，选用高效低毒低残留杀虫剂或高效Bt（苏云金杆菌）制剂，防治榆树叶甲成虫、幼虫。

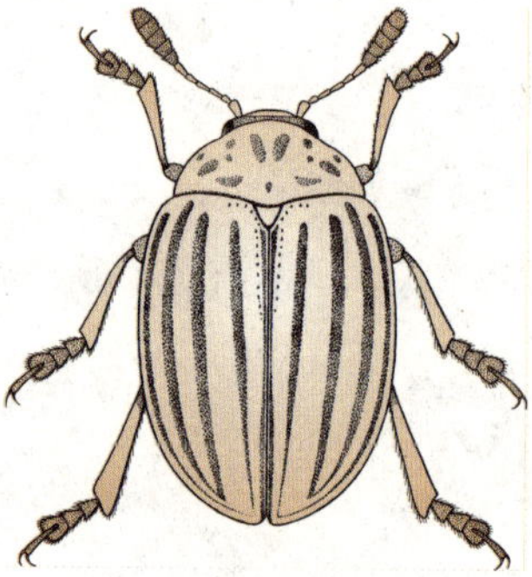

马铃薯甲虫外形

马铃薯甲虫

昆虫纲鞘翅目叶甲科叶甲亚科昆虫的一种。是重要的国际检疫对象。原发生于美国落基山区，为害茄科的一种野生植物*Solanum rostratum*。随着美洲大陆的开发，当马铃薯的栽培向西扩展到落基山区时，立刻遭到这种甲虫的严重为害。此后，这种甲虫又向东扩散，速度很快。现已知英国、法国、荷兰、比利时、卢森堡、德国、西班牙、葡萄牙、瑞士、奥地利、南斯拉夫、捷克斯洛伐克、波兰都有发生。成虫体长10毫米，卵圆形。橘黄色，头、胸部和腹面散布大小不同的黑斑，各足跗节和膝关节黑色，每鞘翅上有5个黑色纵条纹，相当艳丽。成虫在地下越冬。在春季马铃薯出土时，越冬成虫出现，产卵于叶子反面，每雌产卵300～500粒。老熟幼虫入土化蛹。1年发生1～3代。除对马铃薯造成毁灭性灾害外，还为害番茄、茄子、辣椒、烟草等茄科植物。

[四十七、肖叶甲科]

昆虫纲鞘翅目的一科。体色多鲜艳、光滑；下口式，前唇基不明显，鞘翅具折缘，跗节假4节型的甲虫。世界已知9000余种，广布于世界。中国记载700多种。

肖叶甲科有很多种类是林木和果树的害虫，也有少数种类危害茶、油茶、甘蔗、甘薯、玉米、高粱等。此科包括5个亚科：肖叶甲亚科、锯角叶甲亚科、隐头叶甲亚科、瘤叶甲亚科和隐肢叶甲亚科，各亚科的生活习性并不完全相同。如肖叶甲亚科的成虫食害寄主植物的叶片、叶柄、嫩梢或嫩枝的皮层等，幼虫生活于土中，食害植株根部，并于土中化蛹羽化。锯角叶甲亚科、隐头叶甲亚科、瘤叶甲亚科和隐肢叶甲亚科的成虫和幼虫都生活在植株上，主要食害叶片；幼虫腹部完全包于一个囊内，头和胸部可以伸出或缩入囊内，化蛹和羽化都在囊内进行。肖叶甲科的寄主范围在不同的种类间很不相同。有的食害多种不同科的植物，如褐足角胸叶甲食害菊科、蔷薇科、禾本科和棉、麻作物等；有的食性单一，如斑鞘豆叶甲食害多种豆科植物，甘薯叶甲食害旋花科的甘薯、蕹菜、打碗花等。

肖叶甲科种类一般多具鲜艳的金属光泽，体表光滑，但瘤叶甲亚科的体色幽暗，体背具瘤突。头顶部分或大部分嵌入前胸内，复眼完整或内缘凹切，椭圆形或肾脏形。唇基与额之间无明显分界。上颚一般较短，但锯角亚科的钳叶甲属上颚发达。触角一般11节，丝状、锯齿状或端节膨阔。鞘翅一般覆盖整个腹部，但在瘤叶甲、隐头叶甲和锯角叶甲三个亚科，臀板露出鞘翅之外。鞘翅腹面多具缘折，锯角叶甲的很多种类缘折特别发达。腹部腹面可见5节腹节；在瘤叶甲、隐头叶甲和锯角叶甲三个亚科，第2～4腹节的中部狭缩，呈半环形。后足腿节常较前、中足的粗大或明显膨大。腹面具或不具齿。胫节一般较细长，瘤叶甲和隐肢叶甲2亚科的胫节短而侧扁，跗节为假4节型（即实际5节，但第4节很小，嵌在第3节内，不易看见），其中第3节分为2叶。爪简单，或基部具附齿，或每片爪纵裂为2片。

关于肖叶甲科的分类，至今意见不一。陈世骧对叶甲的分类系统进行了修订，把肖叶甲定为一个科，其中包括上述5个亚科，并以此科与负泥虫科、叶甲科和铁甲科共同组成叶甲总科。

肖叶甲科的代表种有甘薯叶甲和谷子鳞斑叶甲。

第二章 辛勤的劳动者——膜翅目昆虫

膜翅目为昆虫纲一目。包括常见的蜜蜂、蚂蚁、胡蜂、叶蜂和寄生蜂等，世界性分布，已知10万多种，估计至少有25万种，是昆虫纲中第三大的目。生物习性复杂多样，大多数为寄生性或捕食性，是害虫的天敌和植物传粉昆虫，少数为植食性害虫，蜜蜂、蚂蚁是昆虫中社会组织最发达的类群，与人类关系十分密切。

广腰亚目叶蜂（雌）

该目通常分为广腰亚目和细腰亚目。体微小到大型，0.2～40毫米。体色复杂，常伴有多种颜色，不少种类具金属光泽。头通常有1对复眼、3个单眼和1对触角。中胸盾片常具盾纵沟，小盾片两侧翼有三角片，并胸腹节表面光滑或具刻纹或脊纹或小室。翅2对，前大后小，

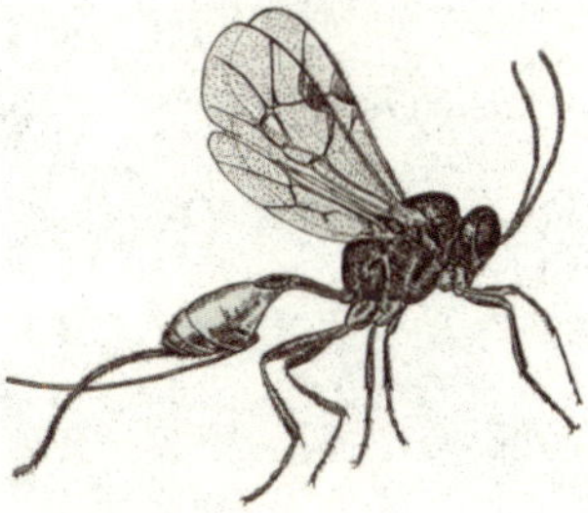

细腰亚目姬蜂（雌）

膜质，以翅钩连锁；翅脉通常复杂，但有些类群简化，甚至仅在翅前缘呈一条翅脉（小蜂、黑卵蜂等）；有些类群的翅退化或无翅（蚁蜂、蚂蚁、榕小蜂等）。足为步行足，有的类群后足腿节（小蜂）或前足腿节（肿腿蜂）特别膨大；螯蜂雌成虫前足跗节与爪通常形成钳状。腹部 10 节，但细腰亚目的第 1 腹节与后胸合并成并胸腹节，因此细腰亚目通常见到的第 1 腹节实际上是第 2 腹节，并收缩成腹柄或退化呈鳞状或结状。产卵器锯状、刺状和针状，在胡蜂、蜜蜂等高等类群中特化为螫针；产卵器基部可有毒腺，分泌毒液，以便自卫或起麻醉寄主和防腐作用。

广腰亚目幼虫植食性，头发达，有3对胸足和6～8对腹足，无趾钩，气门9～10对；钻蛀生活的幼虫一经蜕皮腹足即消失。细腰亚目幼虫初龄形状多样，但其后均趋一致，无足，头不发达，无单眼，触角退化。老熟幼虫或吐丝作茧，或做土室，或直接在寄主体内外以及附近化蛹。

叶蜂、树蜂等原始类群幼虫营自由生活，成虫除选择寄主产卵外，对子代漠不关心。寄生类群，通常称“寄生蜂”，如姬蜂、茧蜂、小蜂、螯蜂等成虫在寄主昆虫或蜘蛛体内或体外产卵，孵化的幼虫营寄生生活，亲代对子代也和叶蜂相似。泥蜂、蛛蜂、蜾蠃等类群的亲代在产卵前先为子代构筑土室，预储猎取的食物，它们已初具母性，可以看作是社会习性的雏形。蜜蜂、胡蜂和蚂蚁等类群则具高度的社会习性，由蜂后（蚁后）、工蜂（工蚁）、雄蜂（雄蚁）及兵蚁共同组成一个蜂（蚁）群社会，它们的形态和职能各有不同。蜜蜂、胡蜂和蚂蚁有相当强的识别环境和记忆能力。蜜蜂不仅能够辨认方向和自己的巢房，而且能以特定的行为——“舞蹈语言”传递信息。

一般行两性生殖，即受精卵发育为雌性个体，未受精卵发育为雄性个体。但某些蜂类没有雄性的参与，雌性也能代代相传，称为“单性生殖”或“产雌孤雌生殖”。有的种类单性生殖和两性生殖交替出现。茧蜂、螯蜂等类群的某些种类有“多胚生殖”现象，即在寄主体内的一个卵可发育成 10～3000 头蜂。此目昆虫繁殖能力变幅很大，产卵量少的只有十几个至几十个，多的可达几十万个（蜂后、蚁后）。

植食性的叶蜂、树蜂和茎蜂等都是为害森林和某些农作物的有害动物。蜜蜂不仅采集花蜜酿造蜂蜜，而且为农作物、林木果树、蔬菜、牧草等传粉。蜜蜂和胡蜂的蜂毒对人虽有毒性，但可治疗风湿性关节炎。蚂蚁虽然在住房等一些地方令人讨厌，但是它们在自然界中捕食多种昆虫，人们往往利用它作为生物防治的手段。但也因蚂蚁喜食蚜虫、介壳虫、木虱等排出的蜜露，对这些害虫具有保护作用，因此不利于防治这些害虫。膜翅目中有大量的寄生类群，即寄生蜂，是害虫生物防治所依靠的重要天敌，中国幅员辽阔，寄生蜂资源十分丰富。

膜翅目化石最早出现于三叠纪，蜜蜂的出现与显花植物的繁荣同时并相互影响和促进。蚂蚁曾在白垩纪琥珀中找到，它们营社会生活大约已有1亿年的历史。大多数学者认为膜翅目与长翅目的关系密切，可能从同一祖先派生而来。

[一、土蜂总科]

昆虫纲膜翅目一总科。体壁坚实，长形，前胸背板伸达或接近翅基片，第1、第2腹节间深缢，足粗短。

体长数毫米至20余毫米为多；多为黑色、具红黄色等斑纹。多被毛，具光泽。头略圆。复眼圆形，或内缘凹入，有单眼。上颚强壮。触角裸露，或具短或长毛；雌蜂触角弯，12节；雄蜂触角直，13节。前胸背板侧面似三角形。前翅第1盘室比亚中室短，一般前翅有2～3个肘室，翅脉常不达翅端；翅痣清楚或不发达；翅常暗褐色、烟色或浅黄色，并有虹色光泽；有的科雌蜂无翅。腹部有或无腹柄，雄蜂腹端常生有1个或多个刺。土蜂多寄生于甲虫幼虫和膜翅目针尾部的幼虫，独居，不成群生活。

此总科分为5个科：

土蜂科 世界性分布，热带尤多。是该总科中的大科，含有大型美丽的种类。

通称土蜂。体长一般 10 ～ 20 毫米，大者可达 50 毫米左右。头比胸窄。复眼完全或凹入。通常两性均有翅，后翅有臀叶。暗褐色，具蓝、绿、紫等色闪光。足胫节扁平，具鬃毛。腹部长，第 1 ～ 2 腹节间深缢，各腹节后缘有毛，雄蜂腹部末端有 3 个刺。

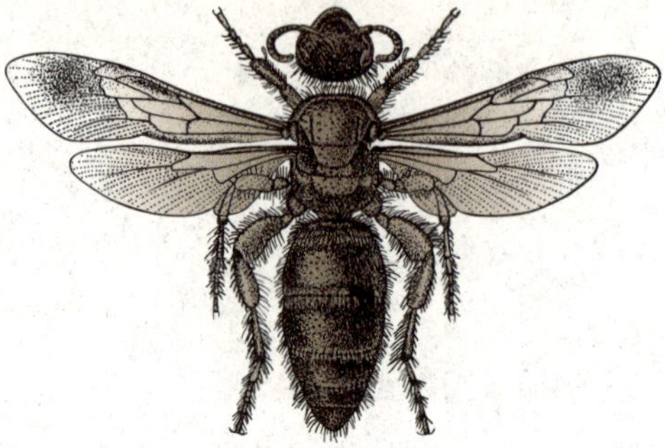
土蜂

土蜂常见于植物的花上，取食花蜜。多数寄生于金龟子幼虫（蛴螬），也有寄生于象甲幼虫的。成虫钻入土中，寻找寄主蛴螬，有时亦可沿蛴螬的隧道而下。一般寄主在土下十到数十厘米深处。土蜂在土下数十厘米或更深处做穴，将寄主麻痹产卵，产卵后即封闭土室。大多数土蜂将卵产在寄主幼虫腹部的腹面，孵化后幼虫将头部深埋于寄主体内，取食寄主体液。至寄主的内含物被吃光，土蜂幼虫即进入老熟阶段，在土中结茧化蛹。成虫羽化后破茧而出。在温带一般为 1 年 1 代，在热带可连续繁殖，一般以成长幼虫在茧内越冬。

土蜂可以作为金龟子类幼虫的天敌加以利用，如美国曾引进白毛长腹土蜂防治日本丽金龟。

臀钩土蜂科 世界性分布，以热带、亚热带和温带最多。中国经常发现。成虫体细小，体长数毫米至 10 余毫米。多黑色，平滑或具刻纹，被暗色或白色毛。头略圆，与胸等宽，有一细颈，复眼圆；翅窄，透明或烟色；翅痣短而明显；雌蜂多无翅；腹长而略细，具短柄；腹部各节之间有缢缩；第 1 ～ 2 节间缢缩深；雄蜂腹端具 1 刺。成虫取食花蜜和昆虫的蜜露。多寄生于金龟子的老龄幼虫，也有寄生于虎甲的，少

臀钩土蜂

数寄生于独栖性的蜜蜂和胡蜂。可用于金龟子类的生物防治，如用日本丽金龟臀钩土蜂防治日本丽金龟效果较好。

蚁蜂科 分布全世界，热带与亚热带分布较多，中国南方常见。小型至大型，体长 3～30 毫米。一般被绒毛，毛色鲜艳，具红、白、黑、金黄等色斑纹。雄蜂通常有翅（偶有无翅），雌蜂无翅，外形似蚁，故名“蚁蜂”。胸部各节紧相愈合，翅具翅痣，后翅无臀叶。腹部有或无柄，1～2 或 2～3 腹节之间深缢；雄蜂腹端有 1 个或多个刺。多数外寄生于蜜蜂、胡蜂、泥蜂的幼虫和蛹，少数种寄生于蚂蚁、鞘翅目和双翅目昆虫。

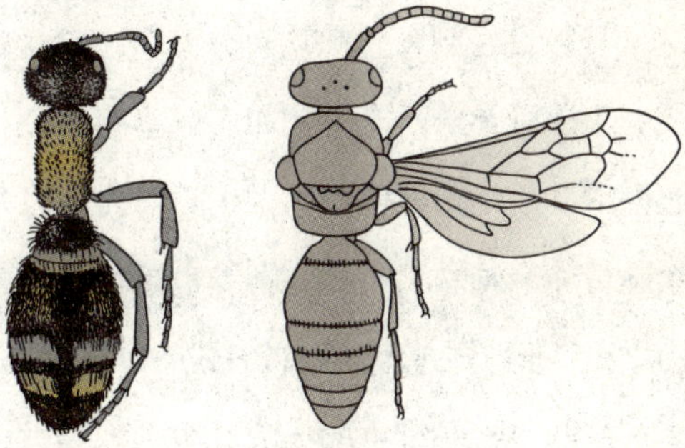

蚁蜂

寡毛土蜂科 小科，分布广，体长 10 毫米左右。体色黑或暗，具白色和黄色的斑带。复眼内缘深凹。雌雄蜂的翅脉均发达，后翅有突出的臀叶。腹部无柄，雌蜂具螫针，雄蜂第 1～2 腹节间深缢，腹端无刺。据称寄生或寄食在蜜蜂总科和泥蜂总科等的巢中。

寡毛土蜂

毛角土蜂科 产于南美洲及非洲南部，种类少，研究也少。

[二、小蜂总科]

昆虫纲膜翅目一个总科。体小型，长 1 ～ 5 毫米，最小的仅 0.2 毫米；触角膝状（蚁小蜂科例外）；前翅翅脉退化，只具主脉 1 根，末端具 1 分枝为痣脉，在某些科属可进一步退化；前胸背板与中胸翅基片间被胸腹侧片所分隔；第 2 腹节成腹柄，产卵管自腹部末端前方腹面伸出。全变态，少数为过变态。

从植食性到寄生性均有，完全植食性的如榕小蜂科大部分种类，植食性种类及寄生性种类兼而有之，如广肩小蜂科、长尾小蜂科以及金小蜂科部分种类，其他绝大多数均为寄生性，寄生的阶段从寄主卵到蛹期均有，寄主范围也很广泛，除昆虫外，蜘蛛纲的某些种类也是小蜂的寄主，例如蛛形纲的卵是啮小蜂属的猎物之一，而蜱则是跳小蜂科 *Hunterellus* 及 *Ixodiphagus* 两属的寄主。分布极为广泛。

多数小蜂是害虫的天敌；少数则为益虫的敌害；还有一些以植物为食危害林木、牧草及药材种子；榕小蜂则是传粉昆虫。小蜂在害虫防治中是天敌因子中的重要组成部分，例如苹果绵蚜蚜小蜂，多种赤眼蜂，红铃虫金小蜂，荔蝽卵平腹小蜂等已是国内行之有效的几种天敌小蜂，另外螟卵啮小蜂为三化螟的有效天敌，*Neanastatus* 为稻瘿蚊的重要寄生蜂，*Aphytis* 为某些种类盾蚧的有效天敌。

小蜂总科中常见的主要有下面各类群：

榕小蜂科 这些昆虫很小，体长多在 0.15 ～ 3.0 毫米，雌雄异型。雌蜂多为黑色，具光泽，与雄蜂交尾后爬出花序口，寻找产卵的榕树瘿花而进入新的花序，并完成对榕树的授粉作用。雄蜂无翅，多为黄褐色，终生在花序腔内。雌蜂前足胫节短，前翅的痣翅与翅缘几乎成直角，产卵器鞘较长，为无花果属植物的传粉昆虫，例如无花果小蜂。

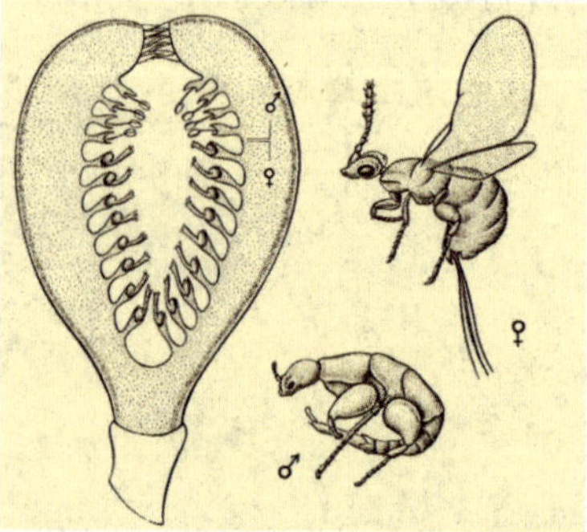
无花果小蜂

广肩小蜂科 体多为黑色无金属光泽，体长 4 ～ 5 毫米，雌雄同型或异型。前胸横宽呈矩形，与中胸约相等，胸常具粗大刻点；头正面观宽，触角着生于颜面中部，中胸盾纵沟明显且完整，雄虫触角鞭节具轮状毛，腹柄细长，柄后腹短且侧扁，第1、2腹节常覆盖其余各腹节。植食性或寄生性，例如刺蛾广肩小蜂、天蛾广肩小蜂都是寄生害虫的有益寄生蜂；而刺槐种子小蜂、木撩种子小蜂等则是危害种子的害虫。

广肩小蜂

长尾小蜂科　体常绿色有金属光泽或呈褐黄色，体长约5毫米；腿节膨大腹面具齿，但胫节不弯曲；产卵器至少与腹长的一半相等或更长。以植物（种子或作虫瘿）为食，有的种类以蛾、蝇蛹及某些蜂类为寄主营寄生生活，如栗瘿长尾小蜂和螳小蜂。

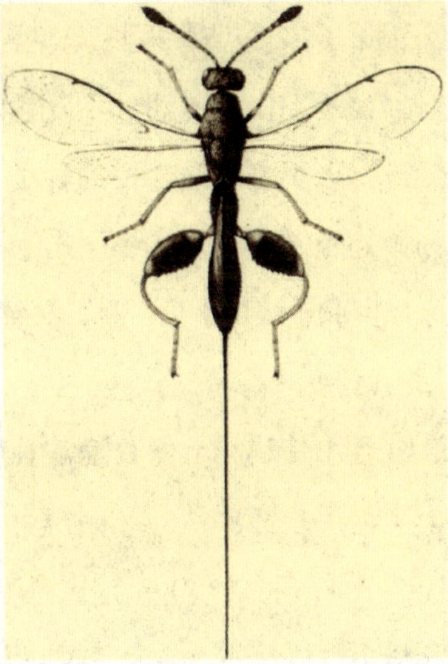

长尾小蜂

大腿小蜂科　体较大，多臃肿，长5毫米左右。触角13节，颊后缘具脊；后足腿节特别膨大，其下缘常具一排齿状突，胫节常弯曲，收缩时适于与腿节下缘相抱合；体表常具脐状刻点；腹柄有时明显，柄后腹圆至锥形，产卵管不突出。大腿小蜂是膜翅目小蜂总科中比较容易鉴别的类群。大腿小蜂所有种类均为寄生性，大部分为初寄生，也有少数为次寄生。主要寄生于各种昆虫的蛹，有时在一头蛾蛹中可同时出来50只小蜂。其寄主记录有双翅目、鞘翅目、鳞翅目、脉翅目及膜翅目，如广大腿小蜂。

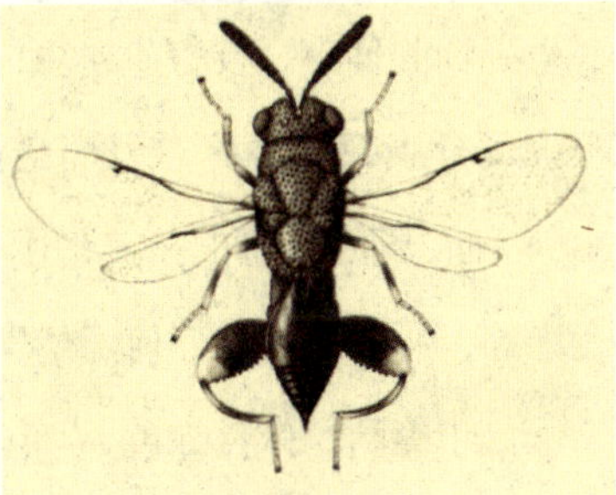

广大腿小蜂

褶翅小蜂科　体黄黑色，体中或大型，长3～14毫米；形态特殊，翅纵褶很像胡蜂。与大腿小蜂也有相似之处，如后足腿节膨大具齿。

产卵器鞘长并向背面翻转，沿腹背中央前伸。褶翅小蜂以散居的胡蜂、蜜蜂幼虫为寄主，在寄主巢穴营寄生生活，其成虫则常见于伞形花科的花上。

蚁小蜂科 体多为黑色无金属光泽，体长约5毫米；触角10～11节，无环状节亦不呈膝状，胸部显著隆起，前胸由背面观察不到，小盾片末端延长具齿或左右分枝，腹柄长，腹常侧扁，第1腹节几覆盖其余腹节。以蚁为寄主，例如乌苏里蚁小蜂。

巨胸小蜂科 体多具金属光泽，少数种类呈黄色；体长约2.5毫米，头大，正面观横形；胸部向背面膨大，背面观前胸清晰可见，中胸盾纵沟完整，小盾片膨起，后端延伸呈剪缺状或具不明显的小齿；第1、2腹节背板长，遮盖其余腹节，产卵器不突出，前翅具不发达的痣脉及后缘脉。多重寄生鳞翅目的种类，其初寄主为膜翅目及双翅目。多分布于热带，古北区以巨胸小蜂属常见，例如翠绿巨胸小蜂、墨玉巨胸小蜂。

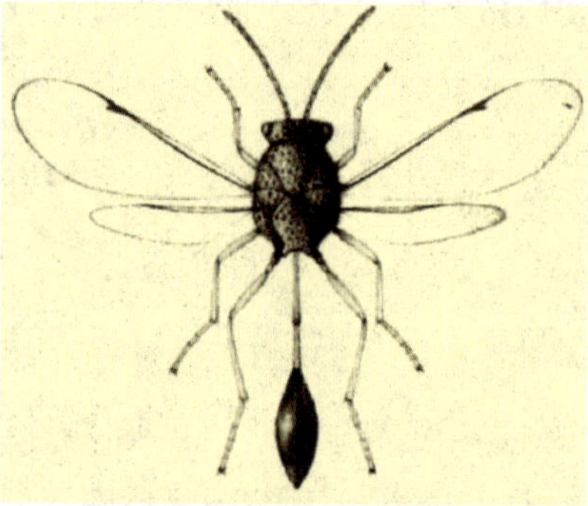
巨胸小蜂

金小蜂科 虫体紧凑常具金属光泽，中等大小，长3～5毫米；触角一般13节（少数11～12节）；翅痣有不同的变化，不膨大或明显膨大；跗节一般5节。除极少数植食外，绝大多数均为寄生性，对许多鳞翅目、鞘翅目、膜翅目及双翅目害虫均有抑制作用，例如寄生凤蝶蛹的凤蝶金小蜂、寄生松毛虫的楔缘金小蜂、寄生蝇蛹的俑小蜂及寄生蚧虫的蚧金小蜂等都是重要的营寄生生活的属、种。金小蜂科是膜翅目小蜂总科中最大的一个科，种类最多，目前世界记录有588属3364种。到目前为止一直是由那些分不到其他科中去的小蜂组成，其分类是最人为的，所以还没有任何一位学者能给它一个较为明确的定义。

姬小蜂科 体色绿色、黄色或黑绿色具（或不具）金属光泽，体长2毫米左右；跗节4节，触角7～9节，触角索节不超过4节，常着生于颜面下部；前翅亚缘脉与缘前脉间有（或无）折断痕。以昆虫纲若干目、科昆虫的卵、幼虫、蛹为寄主，少数捕食蜘蛛卵或其他虫卵。例如三化螟卵啮小蜂、夜蛾姬小蜂及小蛾姬小蜂。

跳小蜂科　体长 0.4 ～ 3.5 毫米；触角 5 ～ 11 节，雌多数 11 节，雄多数 9 节；中胸盾片横形，一般无盾纵沟，如果有也比较浅；两个三角片的内角接触或非常接近；中胸侧板膨大，占据胸部侧面的一半以上；侧面观，中足从中胸侧板中部的下方伸出；尾须板前移，一般不着生于腹端部；前翅有透明的无毛带。跳小蜂是小蜂总科中最大的科之一，约 450 属 3700 种。跳小蜂的寄主广泛，包括昆虫纲许多目、科及蛛形纲的蜱类。大多数跳小蜂是农林害虫的天敌，例如，刷盾短缘跳小蜂、红蜡蚧扁角跳小蜂、粉蚧短角跳小蜂及双带巨角跳小蜂等都是介壳虫的重要天敌。以鳞翅目幼虫为寄主的一些类群（如多胚跳小蜂）非常有趣，它们能行多胚生殖，由一个卵可分裂产生 2000 多头个体。

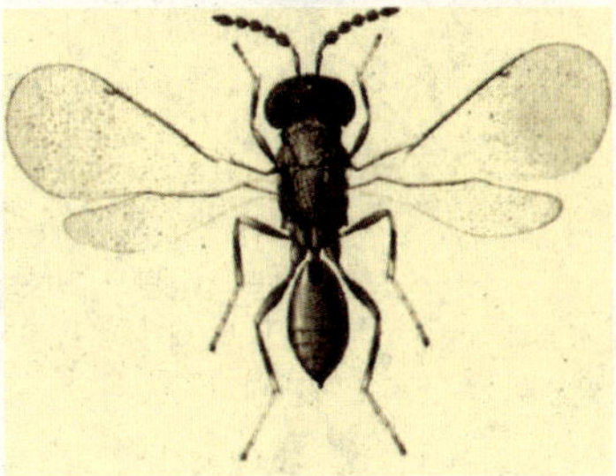

姬小蜂

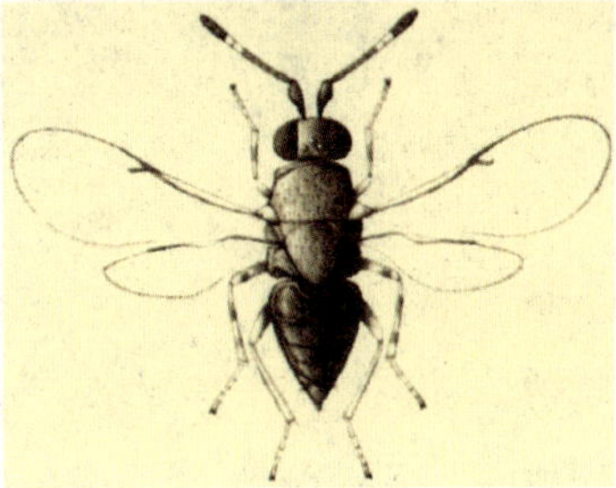

跳小蜂

旋小蜂科　（又称平腹小蜂科）体长 2 ～ 4 毫米，雌雄异型；中胸侧板完整，形态与跳小蜂近似，但中胸背板的盾纵沟完整或凹陷呈浅槽状，并具特殊的金属光泽刻纹，中足跗节腹面两侧具成排的紫黑色刺状突；雄虫中胸膨起，盾纵沟及侧板沟均明显，触角棒节长而不分节。本科的平腹小蜂属专寄生卵，*Lecaniobius* 属专以介壳虫为寄主，旋小蜂属则以鞘翅目及膜翅目的幼虫、蛹，鳞翅目的茧及双翅目的蛹为寄主。中国荔蝽卵平腹小蜂在福建、广东等省已成功地用于防治荔枝蝽。

蚜小蜂科　体多黄、褐色，少数黑色，体表无金属光泽；体长约 1 毫米，微小的仅 0.2 毫米，多扁平；触角少于 8 节，胸部三角片向前明显突出并超过翅基

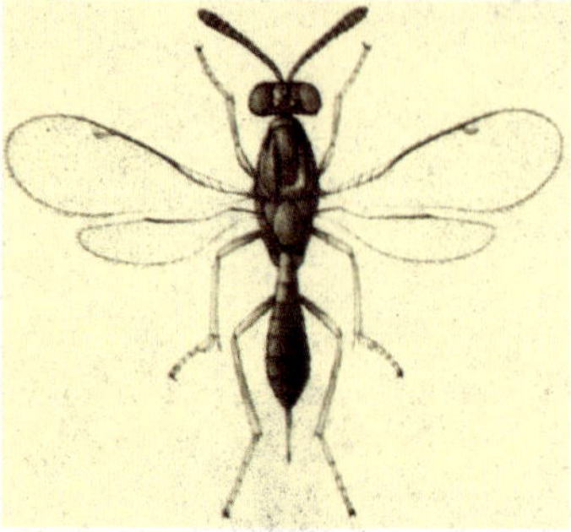

旋小蜂

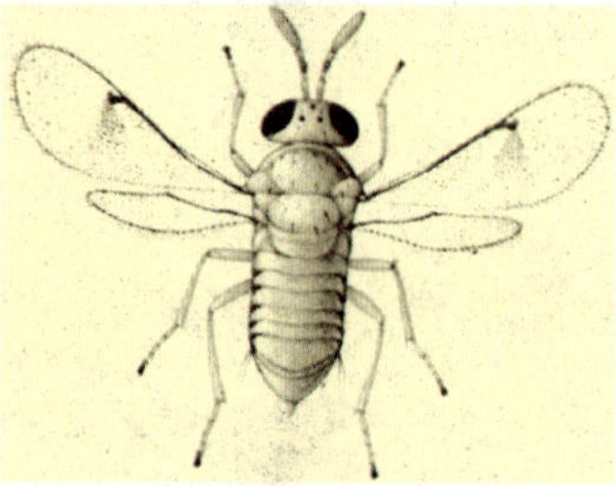

蚜小蜂

连线，前翅缘脉长，亚缘脉及痣脉短，后缘脉不发达；中足胫节端距长，跗4～5节。以介壳虫、粉虱及蚜虫为寄主，少数寄生直翅目种类的卵，瘿蚊科等也有寄生。本科昆虫在生物防治中很重要，如岭南黄蚜小蜂为柑橘红圆蚧的重要天敌，苹果绵蚜蚜小蜂为苹果绵蚜的有效天敌，梨圆蚧蚜小蜂为梨圆蚧的有效天敌，盾蚧长缨蚜小蜂为多种盾蚧的有效寄生蜂，粉虱丽蚜小蜂为温室粉虱的有效天敌。

扁股小蜂科 体色多呈铁青色间或黄色，体长2～3毫米；雌虫体侧扁；胸部三角片前伸超过翅基连线，前翅长，呈倒楔状，缘脉有时很长，痣脉短；后足基节明显膨大呈盘状，腿节适当膨大，胫节外侧具黑色刚毛所组成菱状花纹，或其前后缘各具一排刚毛组成的平行刚毛列。以介壳虫、蝇蛹、小鳞翅目蛹为寄主，以扁股小蜂属为常见，例如三化螟扁股小蜂、松毛虫扁股小蜂等。目前部分小蜂分类学者已经将该类群划入姬小蜂科。

赤眼蜂科 体色由鲜明的黄色至黑色，体长仅0.2～1毫米；触角短，棒节不分节，跗节3节，与其他小蜂不同；前翅宽大，缘毛短而密，翅面上具明显的毛列，缘脉及痣脉呈弯弓状，后缘脉无；腹宽，末端钝圆，产卵器几不突出；雄蜂往往无翅或同种异型，无翅型的触角几与雌同，而有翅型的索节只1节，棒节不分节。本类以其他昆虫的卵为寄主，其中包括许多大害虫，因此颇为国内外生物防治工作者所重视，已大量利用并收到很好的效果。例如松毛虫赤眼蜂、稻螟赤眼蜂及广赤眼蜂。

缨小蜂科 该类小蜂与赤眼蜂相似，都寄生于寄主昆虫的卵中。体黄、褐或黑色，瘦而匀称，体长1毫米以下；触角细长，棒节膨大（分节或不分节），雄虫触角线状；前胸背板短，背面观不显著；并胸腹节长，翅窄而长，缘毛长；前翅基部有时呈柄状，翅脉短，痣脉及后缘脉不清楚，后翅常呈细棒状；腹具长柄，产卵器自腹末前方腹面伸出，跗4～5节，5节者隶属于五节缨小蜂亚科或称柄翅小蜂亚科，4节者属四节缨小蜂亚科或称缨小蜂亚科。寄主除其他昆虫卵外，介壳虫及粉虱据报道也有寄生。已知约40属200种，若干种具有重要经济意义，例如叶蝉柄翅小蜂、负泥虫缨小蜂、稻虱缨小蜂等。

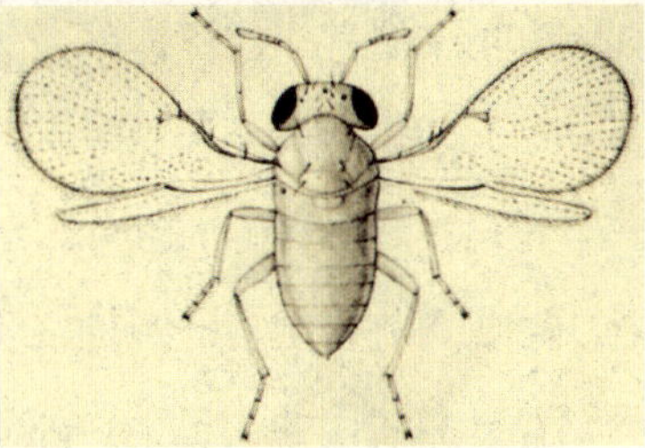

赤眼蜂

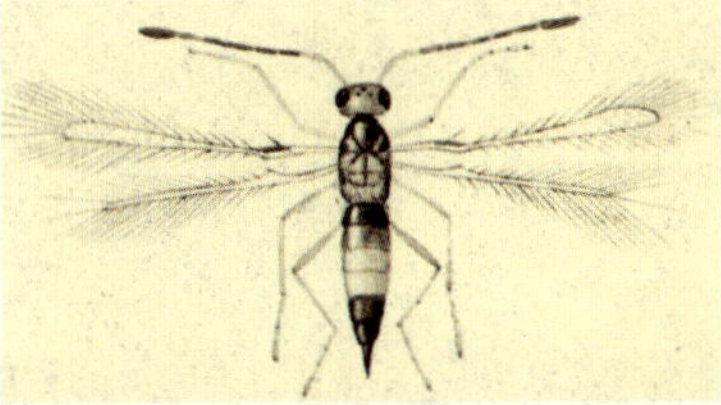

缨小蜂

[三、瘿蜂总科]

膜翅目一总科。统称瘿蜂。许多种类幼虫取食植物并形成虫瘿，故得名。全世界分布，已知2500余种，中国种类不详。

成虫体小型，一般1～4毫米，但枝跗瘿蜂可达16毫米，光滑，少数呈天鹅绒状，粗壮，褐色或黑色。触角丝状，16节以上。前胸背板侧后方伸达翅基片，侧观中胸小盾片与并胸腹节常同样大小。前翅径室呈明显的三角形，无真正的翅痣。跗节5节，转节缩小。腹部常侧扁。产卵器自腹末前方腹面伸出，可以伸缩、卷曲，长可超过体长。

下分6科。瘿蜂科全世界已知1000余种，所有种类皆属植食性，多在栎树等壳斗科植物上做虫瘿；每种瘿蜂都有特定的寄主植物，而且都能形成特定形状的虫瘿；繁殖方式多样，除一般的产雌孤雌生殖、产雄孤雌生殖外，许多种类还有复合异配生殖，即无配子世代与有性生殖世代相互交替发生。有些种类的虫瘿是有用的药材，可用以提取单宁等，用作染料；但有些瘿蜂对经济植物形成虫瘿影响其正常生长，如栗瘿蜂危害板栗的枝梢、叶芽及花芽，给板栗的生产造成损失。枝跗瘿蜂科寄生于树蜂，曾被大量饲养引入澳大利亚，用于树蜂的生物防治。环腹瘿蜂科寄生于食蚜蝇科、斑腹蝇科等双翅目幼虫及脉翅目草蛉幼虫。匙胸瘿蜂科是此总科中的大科之一，全为寄生性，寄生于潜蝇、秆蝇、花蝇及果蝇等植食性双翅目害虫，具有经济重要性。长背瘿蜂科寄生于木虱或重寄生于蚜虫体内的蚜茧蜂或蚜小蜂。光翅瘿蜂科寄主尚不清楚。

[四、针叶树叶蜂]

膜翅目扁叶蜂科、松叶蜂科和叶蜂科昆虫的总称。松科、柏科树种针叶的害虫。

针叶树叶蜂的主要种类有：①黄缘阿扁叶蜂。属扁叶蜂科，雌虫体长12～16毫米，雄虫体长10～12毫米。分布于中国的福建、江西、湖南、广西、贵州、台湾等。危害马尾松、云南松、华山松、台湾亚针松等。②松阿扁叶蜂。属扁叶蜂科，雌虫体长12～15毫米，雄虫体长10～11毫米。分布于中国的黑龙江、河南、山东、山西以及中欧、北欧一带和意大利、法国、英国、俄罗斯、蒙古、朝鲜。危害油松。1年发生1代。③落叶松腮扁叶蜂。属扁叶蜂科，雌虫体长10～12毫米，雄虫体长8～9毫米。分布于中国的山西、河北、吉林，以及中欧一带和俄罗斯、朝鲜半岛等。危害华北落叶松。④鞭角华扁叶蜂。属扁叶蜂科，雌虫体长11～14毫米，体红褐色，雄虫体长9～11毫米。分布于中国的福建、浙江、湖北、四川。危害柏木、柳杉。1年发生1代。⑤浙江黑松叶蜂。属松叶蜂科，雌虫体长6.5～7.8毫米，体黑色，雄虫体长5.8～7.5毫米。分布于中国浙江、安徽、广西、广东、湖南、湖北、江西、福建、云南、四川。危害马尾松、火炬松、湿地松、黑松。⑥落叶松红腹叶蜂。属叶蜂科，雌虫体

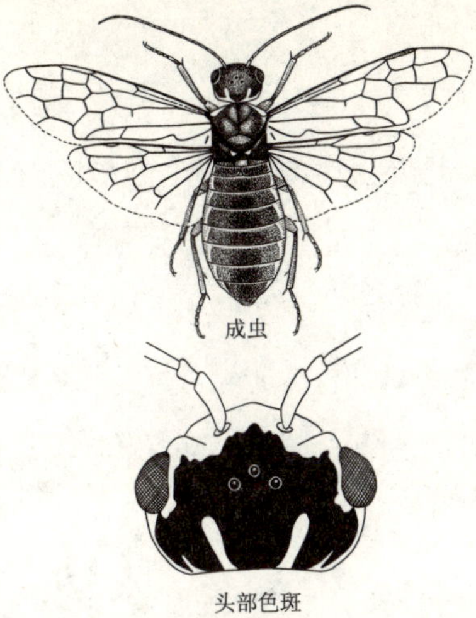

黄缘阿扁叶蜂

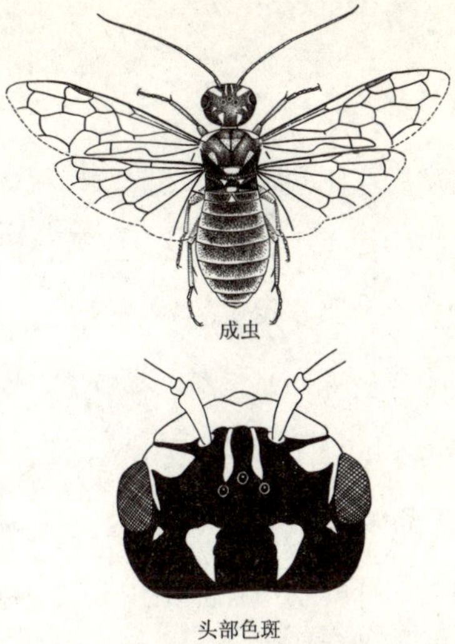

松阿扁叶蜂

长8.5～10毫米，体黑色。广泛分布于北美洲、欧洲、亚洲的北部，在中国分布于山西、内蒙古、河北、北京、辽宁、陕西、甘肃、黑龙江、宁夏。危害华北落叶松。1年发生1代，卵单产，孤雌生殖。

防治方法：搞好虫情预测预报；营造混交林，加强松、柏林的经营管理；保护天敌昆虫和益鸟；幼虫防治可用天敌病毒或喷施菊酯类、灭幼脲类杀虫剂等。

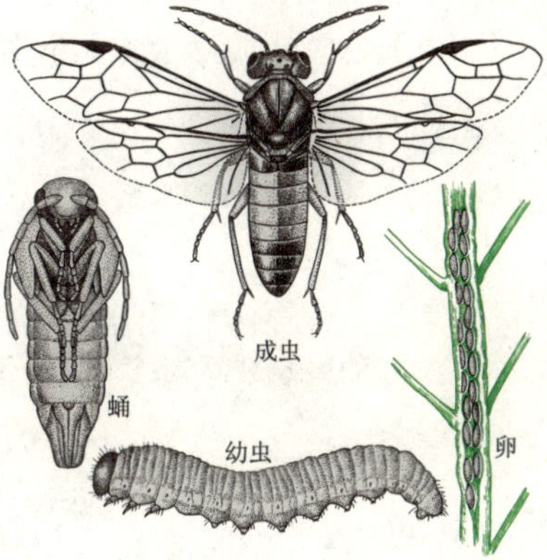

落叶松红腹叶蜂

[五、胡蜂]

膜翅目细腰亚目胡蜂总科的统称。俗名黄蜂。体壁坚厚，光滑少毛，静止时前翅纵折，具强螯针的蜂类。约有1.5万种，已知5000种以上。中国记载 200 种。

为捕食性蜂类。成虫体多呈黑、黄、棕三色相间，或为单一色。体具大小不同的刻点或光滑。茸毛一般较短。足较长。翅发达，飞翔迅速。静止时前翅纵折，覆盖身体背面。口器发达，上颚较粗壮。雄蜂腹部 7 节，无螯针。雌蜂腹部 6 节，末端有由产卵器形成的螯针，上连毒囊，分泌毒液，毒力较强。蛹为离蛹，黄白色，颜色随龄期而加深。头、胸、腹分明，主要器官均明显可见。很多蜾蠃以蛹越冬。幼虫梭形，白色，无足。体分 13 节。蜾蠃类幼虫在亲代成蜂构筑的封闭巢内，以亲代贮存的被麻醉的其他昆虫为食。

胡蜂

其他类胡蜂的幼虫在巢中由成蜂饲喂嚼烂的其他类昆虫，幼虫食后常分泌一种成蜂喜食的液体。在幼虫消化道的中肠端部，由围食膜形成一个封闭囊，不与排泄孔相通。排泄物贮在此囊中，于体内呈游离状。化蛹以后，此囊干硬变黑，随蜕皮一起脱去。卵常呈椭圆形，白色，光滑，在每个巢室中有 1 枚，其基部有一丝质柄固着，直至孵出幼虫。因此，蜂巢巢口虽然向下，但巢内幼虫并不脱巢落下。

该总科共分 11 科：胡蜂科、马蜂科、蜾蠃科、铃腹胡蜂科、狭腹胡蜂科、异腹胡蜂科、长腹胡蜂科、大胡蜂科、长叶胡蜂科、长唇胡蜂科和盖胡蜂科。除最后 3 科外，中国均有记载。

胡蜂为有社会性行为的昆虫类群。蜾蠃科的种类平时无巢，营自由生活，在产卵时，由雌蜂筑一泥室或选择合适的竹管，产卵其中，同时贮藏捕来之后经螯刺麻醉的其他类昆虫的幼虫或蜘蛛。一室一卵，分别封口，由卵孵出的幼虫取食所贮存的猎物。化蛹和羽化成蜂以后，即咬破巢口飞出。

其他种类的胡蜂一生营巢而居。蜂群中有后蜂、职蜂（或称工蜂）（雌性）

和雄蜂的区别。后蜂为前一年秋后与雄蜂交配受精的雌蜂，它们把精子贮存在贮精囊中，到来年分次使用。雄蜂在交配后不久即死亡。天渐冷时，受精雌蜂纷纷离巢寻觅墙缝、草垛等避风场所，抱团越冬。翌年春季，存活的雌蜂散团外出分别活动，自行寻找适宜场所建巢产卵。它们所产的受精卵形成雌蜂，未受精卵形成雄蜂。由于职蜂增多，蜂巢逐渐扩大。职蜂负责筑巢和饲育幼虫。中国中部地区每年有 3 次发生高峰。秋后，巢中的雄蜂约占总数的 1/3，为一年中雄蜂最多的时期。

中国河南、山西等地采取人工辅助越冬以及人工辅助建巢和迁巢的方法，利用胡蜂防治棉花害虫，甚有效果，而且比较经济。在秋后捕捉雌蜂放入笼内，将笼安置在避风场所，任其抱团，到来年春季，将这些雌蜂放入田间，任其在田间周围自然筑巢。也可以在大蜂棚内提供食物、饮水和建筑材料，令其在棚内建巢。在需要时，把巢移至田间，每亩 3 ～ 5 巢，有蜂 100 余头，即能基本控制鳞翅目害虫的为害。由于胡蜂有归巢习性，所以放蜂一次长期有效。其食性广，可防治多种农林害虫。

一般气温在 12 ～ 13°C 时胡蜂出蛰活动，16 ～ 18°C 时开始筑巢，秋后气温降至 6 ～ 10°C 时越冬。春季中午气温高时活动最勤，夏季中午炎热，常暂停活动。晚间归巢不动。有喜光习性。风力在 3 级以上时停止活动。相对湿度在 60%～ 70%时最适于活动，雨天停止外出。胡蜂嗜食甜性物质。在 500 米范围内，胡蜂可明确辨认方向，顺利返巢，超过 500 米则常迷途忘返。

胡蜂成虫、幼虫和蜂巢均可入中药。或内服，或外敷，可治毒虫螯咬、毒肿疔疮等症。

胡蜂能捕食蜜蜂、柞蚕等，在果园地区，常咬食果实造成减产。蜂毒毒性很大，受伤者非常疼痛，严重时可造成伤残或死亡。但是，胡蜂一般不主动攻击人畜。除在养蜂、养蚕地区和果园附近外，胡蜂实为一类消灭害虫的天敌昆虫，应受到人们的保护。

[六、蚁科]

昆虫纲膜翅目的一科。统称蚁或蚂蚁。为真社会性生活的类群。全世界分布，已知296属9500余种，可分成10余亚科，中国已知约80属500余种。

蚂蚁有多型现象，一般有3个品级：雄蚁和可育雌蚁、工蚁、兵蚁；少数种类无工蚁。体表光滑或具刻纹，体色一般黑、褐、黄、橙和暗赤色。触角膝状，工蚁10～12节，雄蚁10～13节，柄节很长。胸部各节合并，有些类群常具有形状大小各异的齿或刺等构造。若有翅，则后翅无轭叶和臀叶，具1或2个闭室。腹部第1节，或第1～2节特化成独立于其他腹节的结节状或鳞片状。腹末具螫针，有刺螫功能；或螫针退化无刺螫功能，而代之以臭腺防御，或形成能喷射蚁酸的喷射构造。

蚂蚁除少数营寄生性生活外，皆营社群性生活。3个品级形态和职能各异。雄蚁和雌蚁均有翅，交配后雌蚁的翅自行脱落后，开始营巢，以后专司繁殖后代而不外出，称为蚁后。工蚁和兵蚁均系无翅不育雌蚁，有些种类可有大、小二型。工蚁一般司建巢、外出采食并饲育幼蚁和雌蚁等职。兵蚁头部发达且具特大的上颚，司御敌保卫之职。

蚁巢常位于土下深处或近表土层，少数可高出土面成土垅形，或在砖石块下，或于树木植株茎干和根内，有时可在居屋墙壁内，或以其他昆虫或动物的巢穴作为自己的巢穴。巢中常有客居昆虫，甚至有以他种蚂蚁为奴蚁者。蚁群大小因种类而异，如小家蚁有个体35～1400只，而红褐林蚁的个体则可达80余万只。蚂蚁食性复杂，有肉食性和植食性，可直接或间接地有害于人类，如侵入居室的小家蚁侵袭人们的食物而造成污染，传播疾病；生活于田间的东方矛蚁可加害马铃薯、十字花科蔬菜和西瓜等。蚁类又能捕食害虫而为益虫，如黄猄蚁能捕食柑橘树上的害虫，中国广东省利用黄猄蚁防治害虫已有悠久的历史，304年的《南方草木状》中已有记载，系世界上以虫治虫最早的先例。在台湾和福建，利用红蚂蚁防治甘蔗螟已有相当长的历史，它主要能防治甘蔗二点螟、高粱条螟、甘蔗小卷蛾、大螟等。红褐林蚁等可捕食森林害虫。又如鼎突多刺蚁既可捕食林木和作物害虫，还具有广泛的药理作用。一些蚂蚁及其蚂蚁制剂具有镇静、抗炎、平喘、解痉、增强和调节免疫功能、延缓衰老、补肾驱寒、活血化瘀等功能。

[七、姬蜂]

膜翅目姬蜂总科姬蜂科的统称。为寄生性蜂类，是一类重要的天敌昆虫。全世界分布，已知约1.5万种，估计实际种数可达6万余种，中国已知千余种。

体长3～40毫米（不包括触角和产卵管），以10～20毫米为多。触角细长，丝状。翅发达，偶有无翅和短翅；前翅具翅痣，前缘脉和亚前缘脉愈合，肘脉第1段消失，有第2回脉。腹部通常细长，腹面通常膜质，基部缩缢而成柄状或略呈柄状，腹部第2、3背板不愈合。产卵管自腹部腹面末端之前伸出，长短不等，少数寄生蛀木天牛或树蜂的种类可超过50毫米。

全部种类为寄生性。成虫营自由生活，飞翔或爬行中寻找寄主产卵，幼虫在寄主体内外取食。寄主主要是鳞翅目、鞘翅目、双翅目、膜翅目、脉翅目、毛翅目等全变态昆虫的幼虫和蛹，少数是蜘蛛的成蛛、幼蛛或卵囊，还有一种寄生于伪蝎的卵囊。绝大多数种类寄生于许多农林害虫，是一类重要的益虫。但少数种类因寄生于其他寄生蜂等而成为重寄生蜂，或寄生于草蛉、食蚜蝇、蜘蛛等有益生物而带来害处。

中国最常见的种类有：广黑点瘤姬蜂（寄生于稻纵卷叶螟、二化螟、棉红铃虫、玉米螟、松毛虫等）、舞毒蛾黑瘤姬蜂（寄生于松毛虫、舞毒蛾、柑橘凤蝶、菜粉蝶等）、螟蛉悬茧姬蜂（寄生于稻纵卷叶螟、黏虫、稻苞虫、棉铃虫等）、食蚜蝇姬蜂（寄生于多种食蚜蝇蛹）、地蚕大铗姬蜂（寄生于多种地老虎和甘蓝夜蛾）等。

[八、茧蜂科]

膜翅目姬蜂总科的一科。统称茧蜂，为寄生性蜂类，是一类重要的天敌昆虫。全世界分布，已知约1万种，估计实际种数达4万种，中国已知约千种。

茧蜂成虫形态与姬蜂极相近，其区别在于：体型较小，多数在10毫米以下，以3～7毫米居多。前翅无第2回脉，肘脉第1段常完整，也有少类群翅脉相当退化。腹部较短，腹部第2～3背板愈合。

全部种类为寄生性，寄生于鳞翅目、双翅目、鞘翅目、膜翅目和脉翅目等全变态昆虫和同翅目、半翅目和啮虫目等不全变态昆虫。绝大多数寄生于许多重要的害虫，但也有少数种类寄生于益虫，如瓢虫茧蜂等。一般寄生于寄主的幼虫期，也有寄生于蛹和成虫的，还有跨期寄生于卵至幼虫、卵至蛹和幼虫至蛹。内寄生和外寄生，蜂幼虫成长之后往往钻出寄主结茧化蛹。

中国常见的有：麦蛾茧蜂（寄生于米蛾、印度谷斑螟、烟草粉斑螟等仓库和家庭害虫幼虫体外）、红铃虫甲腹茧蜂（寄生于红铃虫、金刚钻等的卵至幼虫期）、螟蛉绒茧蜂（寄生于黏虫、二化螟、三化螟、稻纵卷叶螟、稻苞虫、稻眼蝶、棉铃虫、斜纹夜蛾等害虫的幼虫）、玉米螟长距茧蜂（寄生于玉米螟等幼虫）、斑痣悬茧蜂（寄生于棉铃虫、桑螟、桑剑纹夜蛾、甜菜夜蛾、斜纹夜蛾、烟夜蛾、黏虫等害虫的幼虫，其茧如小麦粒，有丝悬挂）、麦蚜茧蜂（寄生于麦长管蚜、橘二叉蚜、桃蚜等）。

[九、茎蜂科]

昆虫纲膜翅目的一科。体较狭长，体长不超过18毫米，呈圆筒形，或体侧较扁。触角长，丝状或略带棒形，具许多环节。

前胸背板后缘较平直。腹部第一节稍收缩。产卵管突出，从上面可清楚看到。

幼虫钻蛀禾本科或蔷薇科植物或其他乔木的茎。1年发生1代，休眠期处于寄主植物内茧中。幼虫白色，无腹足，胸足仅余痕迹，不分节，无附节爪。仅分布于北半球。中国主要种有梨茎蜂，危害梨树；麦茎蜂，常危害小麦。

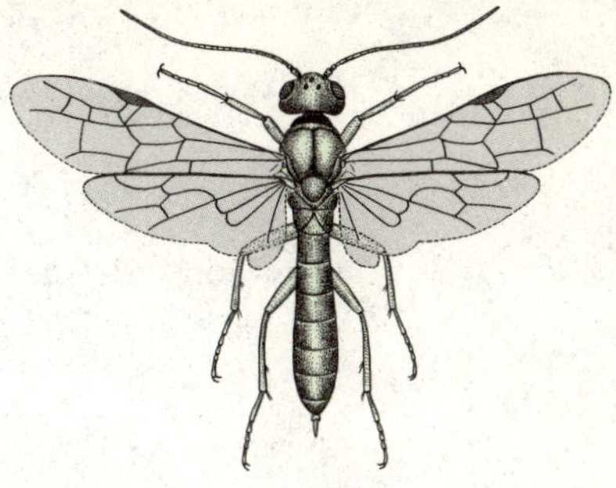

梨茎蜂

梨茎蜂

昆虫纲膜翅目茎蜂科的一种。又称梨茎锯蜂，俗称折梢虫。果树害虫。广泛分布于中国各梨产区和朝鲜、韩国。寄主植物除梨外，尚有棠梨和沙果等。成虫体长约10毫米，翅展14～16毫米，体黑色有光泽。1年发生1代，以老熟幼虫和蛹在被害梢内越冬。4～5月在新梢上产卵为害。成虫取食花蜜、露水等为补充营养，上午10时后气温较高时，飞翔交尾。雌虫产卵时在嫩梢上伸出产卵器锯断新梢，并在断面下方产卵一粒于组织内，随将断口下方两三个叶柄锯断，产卵孔不久即成黑色小点。卵经七天孵化，幼虫在新梢髓部内向下方蛀食。5～6月为幼虫为害盛期，幼虫粪便堆积在身体后方，不排出，6月间即蛀食到二年生枝处。不同品种受害程度有差异，凡抽梢期与成虫出现高峰相吻合的品种受害都重。幼虫天敌有白僵菌和寄生蜂等。梨树被害新梢很易发现，防治时应结合冬季修剪，除去被害枝以减少虫源。成虫盛发期可用虫网捕杀，或喷洒敌百虫、敌敌畏等农药。

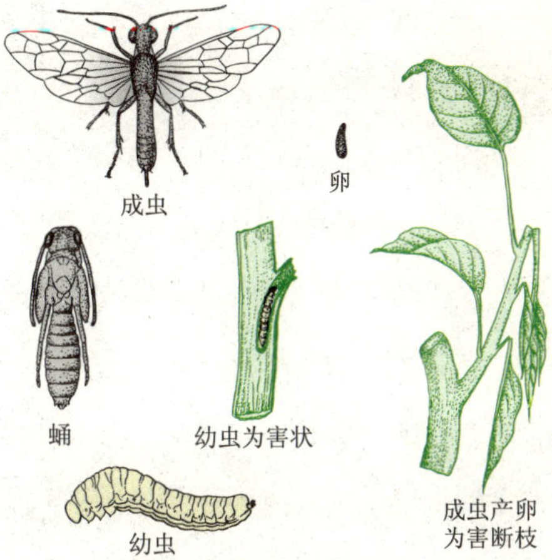

梨茎蜂及其为害状

[十、泥蜂]

膜翅目泥蜂总科昆虫的统称。体壁坚实，裸露少毛；前胸背板不伸到翅基片，腹部常具柄的蜂类。世界性分布，热带和亚热带地区种类和数量均多，已知约 12000 种。

泥蜂成虫体中型至大型，体长 20 ～ 50 毫米。体色暗，具红色或黄色斑纹。口器咀嚼式。前翅一般具 3 个亚缘室，少数 1 ～ 2 个。上颚发达；并胸腹节非常发达。足细长，胫节和跗节具刺，以适应捕猎。腹部具柄；雌性腹部末端螯刺发达。一些种类的头或体上由浓密的银色毛组成斑。幼虫无足，有些在胸部和腹部侧面具有小突起。完全变态。

泥蜂大多数为捕猎性，少数为寄生性。其捕猎性及筑巢本能复杂。成虫捕猎节肢动物，包括昆虫、蜘蛛、蝎子等。其捕猎范围因属、种而异。成虫捕到猎物后，用螯针将其麻痹，然后将猎物携回巢内封储，供子代幼虫食用。

各学者对泥蜂总科分科意见不一，通常应用的是总科下分为 11 科。

泥蜂大多数在土中筑巢，某些用唾液与泥土混合成水泥状坚硬的巢，有些在地上的自然洞穴内或利用其他昆虫的旧巢；少数在树枝内或竹筒内筑巢。土中筑巢的泥蜂巢的结构、巢室的数量、入口处的形状因不同的属或种而异。

泥蜂筑巢后，于巢室内产卵。大多数泥蜂将猎物放于巢室内，封闭巢室，幼虫孵出后取食猎物，直至老熟化蛹；少数种类幼虫孵出后由雌蜂用猎物饲育，而且经常更新猎物。

泥蜂社会性发展较弱，大多数为独栖性，少数种类类似共同生活，即若干雌蜂共用一个巢口及通道，每个雌蜂再单独构筑自己的巢室。

泥蜂为重要的益虫，可捕猎各种害虫，并为植物传播花粉。但有少数种类是害虫，如大头泥蜂属捕猎家养蜜蜂的工蜂以饲育幼虫。

[十一、树蜂科]

昆虫纲膜翅目的一科。体中至大型，圆筒形。体壁坚实，前胸背板后缘深凹，腹端有明显角状突起。产卵管突出。触角鬃状，17～30节，第1节长而弯曲，至少与第3节等长。颈短。前胸背板中间短，后缘高度凹入腹部圆筒形，第1节基部收缩，中间分开；末节有一角状突起（角突）。

幼虫白色，胸足仅余痕迹。幼虫在木质部营钻蛀生活。成虫在5～9月出现，但大多出现于7～9月。一般在晴天飞翔。雌虫数量常多于雄虫。雄虫常去树顶或高地，以待交尾。大多分布于全北界和东洋界。中国最常见的种有为害针叶树的蓝黑树蜂和大树蜂，为害阔叶树的烟角树蜂。

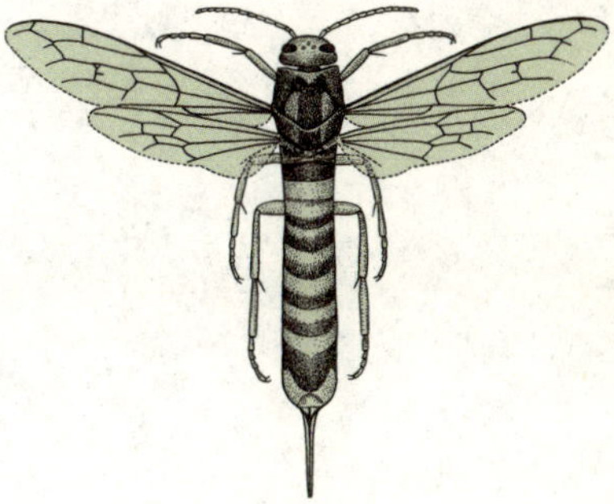

烟角树蜂

[十二、叶蜂]

膜翅目叶蜂科昆虫的统称。体小到中型，筒形。触角7～15节，刚毛状、丝状、或稍带棒状，仅枝叶蜂属的雄虫触角为栉齿状。产卵器不突出。

雌雄个体比例变化甚大，只有少数种类雌雄个体的数目差不多，有许多种类找不到雄虫。孤雌生殖普遍，有些种的未受精卵产雄，有些产雌，有些则产雌和雄。通常在嫩茎或叶上产卵。幼虫一般营自由生活，有腹足6～8对，但也有生活在叶片、瘿、茎或果实中的。已知5000种以上，分隶5亚科、250多属，全世界分布，中国已

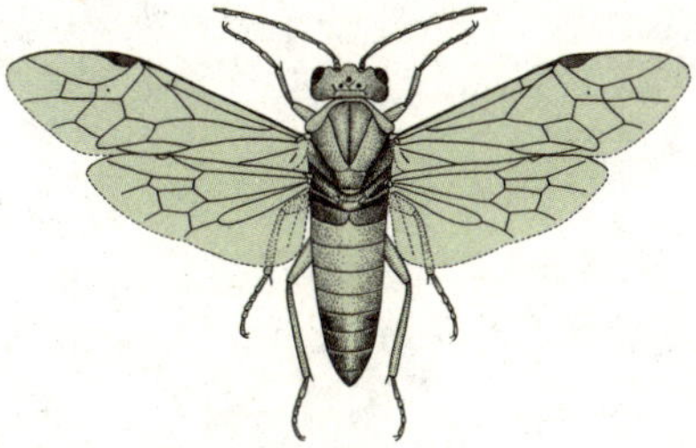

落叶松红腹叶蜂

知600余种。中国主要有油茶叶蜂；白蜡叶蜂，危害白蜡树叶，分布于四川；樟叶蜂，危害樟树，分布于广东、福建、浙江、江西、湖南、广西、四川、台湾；杨黑点叶蜂，危害杨柳，分布于新疆（伊宁）；落叶松红腹叶蜂，危害落叶松，分布于山西、内蒙古、黑龙江；橄榄绿叶蜂，分布于西藏、四川；小麦叶蜂，危害小麦，分布于华北。

第三章　蚕食他人的害虫——同翅目昆虫

同翅目为昆虫纲有翅亚纲的一目。刺吸式口器，两对翅，静止时多呈屋脊状置背上，前翅质地均一的一大类昆虫。因该目昆虫前翅质地相同而得名。世界已知有 32800 余种，中国已知 1930 余种。

体小型至大型。口器刺吸式，适于吸食植物汁液。下唇通常形成三节的喙，喙基部自头下后方或前足基节间伸出。外咽片膜质，小或缺。前胸背片很小。跗节 1 ～ 3 节。翅 2 对，前翅质地基本均匀，膜质或近似革质，休息时常放置背上呈屋脊状，与半翅目的半鞘翅显然不同。多数种类有分泌蜡质或介壳状覆被物的腺体。

渐变态，但介壳虫的雄虫为完全变态。繁殖方式极为多样，有性生殖、孤雌生殖，或有性生殖与孤雌生殖交替进行。卵生也有卵胎生者。产卵有两种方式，一类产生在植物组织内，如蝉、飞虱、叶蝉等；另一类产生在植物体表面，如蚜虫等。卵多为长椭圆形或正椭圆形。全部为植食性，多生活在植物上，吮吸汁液。有许多种类是农业的重要害虫，既直接危害作物，又传播植物病毒病。但有些种类是益虫，产紫胶、白蜡等。因此，该目昆虫有重要的经济意义。

此目通常分为两个亚目：头喙亚目和胸喙亚目。

（1）头喙亚目

喙显然出自头部，触角短鬃状，有端芒，生在头的下面。中、后足跗节3节。前翅脉相较完整。雌虫有较发达的产卵器，在植物组织内产卵。活跃而能自由行动，生活史比较简单。包括蝉科、沫蝉科、蜡蝉科、飞虱科。

（2）胸喙亚目

喙显然出自前足基节间。跗节1～2节。触角无端芒。翅不完整，脉相有进一步退化的趋势。一些种类产卵器不发达。多数种类生活史比较复杂，有多型现象和器官构造强烈特化现象。多不活泼，有的种类雌虫固着在植物体上。此亚目是一广泛的人为类群，按自然群尚可重新划分为4总科（有人主张并列为亚目）：木虱总科、粉虱总科、蚜虫总科、蚧总科。

同翅目与半翅目最为接近，其共同特点是：口器适于吸食，后翅缺臀域，腹部无尾须，只有几个马氏管，腹面的神经系统有比较集中的神经节。但同翅目比半翅目更古老一些。在澳大利亚的二叠纪昆虫化石中，同翅目的数量最多。在昆士兰的三叠纪化石中，同翅目的数量也仅次于鞘翅目。而半翅目的化石在三叠纪才出现。同翅目的头喙亚目的二叠纪早期化石大都属于古革蝉科。而在胸喙亚目中，木虱科可能起源于与古革蝉科接近的原木虱科。已知的蚜虫化石大都来自二叠纪。

[一、蚜科]

同翅目的一科。前翅4～5斜脉，触角次生感觉圈圆形，腹管管状的蚜虫。含107属2280种。分布遍及世界各地。中国已知260种，分布遍及全国各地。其中小蚜属、黑背蚜属及否蚜属为中国特有属。

体长1.5～4.9毫米，多数约2毫米。有时被蜡粉，但缺蜡片。触角6节，少数5节，罕见4节，感觉圈圆形，罕见椭圆形，末节端部常长于基部。眼大，多小眼面，常有突出的3小眼面眼瘤。喙末节短钝至长尖。腹部大于头部与胸部之和。前胸与腹部各节常有缘瘤。腹管通常管状，长常大于宽，基部粗，向端部渐细，中部或端部有时膨大，顶端常有缘突，表面光滑或有瓦纹或端部有网纹，罕见生有或少或多的毛，罕见腹管环状或缺。尾片圆椎形、指形、剑形、三角形、五角形、盔形至半月形。尾板末端圆。表皮光滑、有网纹或皱纹或由微刺或颗粒组成的斑纹。体毛尖锐或顶端膨大为头状或扇状。有翅蚜触角通常6节，第3或3及4或3～5节有次生感觉圈。前翅中脉通常分为3支，少数分为2支。后翅通常有肘脉2支，罕见后翅变小，翅脉退化。翅脉有时镶黑边。

本科蚜虫的寄生植物几乎包括被子植物和裸子植物的松柏纲的所有的科。有些种类则以苔藓植物、蕨类植物和木贼科植物为寄主。部分种类营异寄主全周期生活：在木本寄主与草本寄主间循序转换寄主植物，以木本寄主为第一寄主，在其上以受精卵越冬，春季孵化为干母，孤雌繁殖2或3代。初夏发生有翅迁移蚜转移到草本的第二寄主上孤雌繁殖数代至二十余代，秋末发生有翅的性母蚜和雄蚜从第二寄主迁飞到第一寄主上。有翅性母卵胎生出雌性蚜，雌蚜与有翅雄蚜交配产卵越冬。多数种类为同寄主全周期，没有上述木本与草本寄主间的转移，只在同类寄主植物间转移。雌雄性蚜均无翅，有时雄蚜有翅，以受精卵越冬。许多种类或种以下的单元在热带、亚热带、温室或温暖的小生境全年孤雌生殖，不出现越冬的受精卵。常造成寄主植物组织变形或变色，或节间变短。

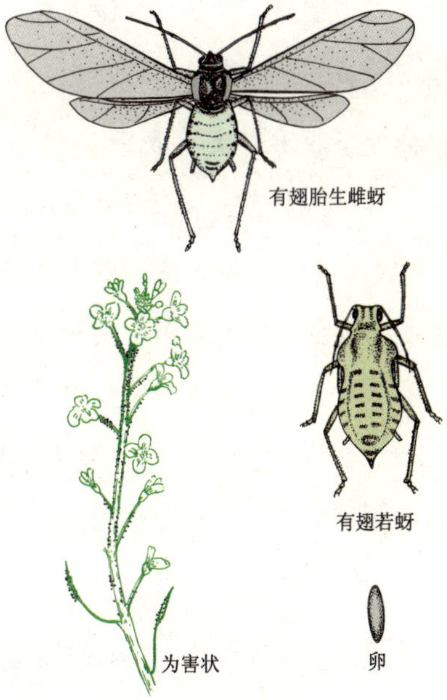

萝卜蚜及其为害状

本科多数种类为寡食性或单食性，少

数为多食性，部分种类是粮、棉、油、麻、茶、糖、菜、烟、果、药和树木等经济植物的重要害虫。由于迁飞扩散寻找寄主植物时要反复转移尝食，所以可以传播许多种植物病毒病，造成更大的危害。其中包括麦长管蚜、麦二岔蚜、棉蚜、桃蚜及萝卜蚜等重要害虫。

本科包括2个亚科：粉毛蚜亚科及蚜亚科。后者包括蚜族及长管蚜族。

高粱蚜

昆虫纲同翅目蚜科的一种。又称甘蔗蚜。作物害虫，主要危害高粱。中国分布于黑龙江、吉林、辽宁、内蒙古、山西、河北、河南、湖南、湖北、山东、江苏、安徽、浙江、福建、台湾及甘肃等省（自治区），也见于日本、朝鲜半岛、印度尼西亚和印度。无翅胎生雌蚜体长约1.8毫米，宽卵圆形，米黄色或淡赤色。有翅胎生雌蚜体长约2毫米，长卵形，米黄色，触角第3节有感觉孔8～13个。年发生16～20代。危害植物除高粱外，还有玉米、甘蔗、黍和麦类等。成、若虫刺吸汁液，并排出大量蜜露，滴落在茎和叶面，影响光合作用和新陈代谢。为害轻者叶片变红，重者叶枯、不抽穗或穗粒不实。天敌有异色瓢虫、粉蜡瓢虫、大灰食蚜蝇、食蚜斑腹蝇、大草蛉及蚜茧蜂等。防治措施：喷洒乐果等药剂以消灭蚜害中心，减轻盛期蚜量；在蚜害开始蔓延而又大多群集于下部叶片时，以乐果毒土、异丙磷毒土熏蒸；合理灌溉、施肥和密植，加强田间管理；选用抗虫品种；保护利用天敌等。

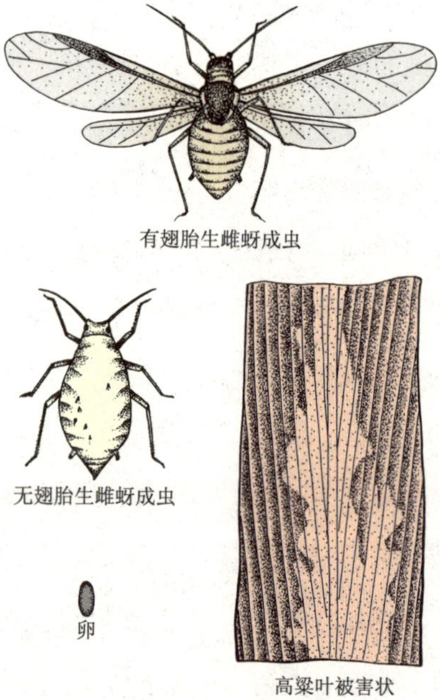

高粱蚜及其为害状示意图

甘蔗绵蚜

昆虫纲同翅目蚜科一种。甘蔗害虫。分布于澳大利亚、印度、东南亚、日本，以及中国的华东、华南、西南和台湾等地区。雌成虫分有翅、无翅两型。有翅成虫体长约2.5毫米，暗黑色，翅透明。无翅成虫体长2～2.5毫米，黄褐或暗绿色，被有多量白色絮状蜡质物。成虫和若虫吸食甘蔗汁液，使蔗株生长阻滞，糖分降低，品质变劣。在中国华南年发生约20代。蔗田绵蚜一般于3～5月始发，冬季无休眠现象。全年以孤雌胎生方式繁殖。气温20～25°C时，10多天即可完成一代。若虫和成虫群集在叶背主脉两侧及叶鞘内侧为害，状如白絮，使叶色变黄。甘蔗绵蚜分泌的蜜露，还能引起煤污病，影响光合作用。降雨对虫的发生不利。防治措施：保护和利用天敌如十三星瓢虫、十斑大瓢虫、双带盘瓢虫和黄斑盘瓢虫；喷洒乐果、敌百虫或用乐果涂茎；合理灌溉，水旱轮作等。

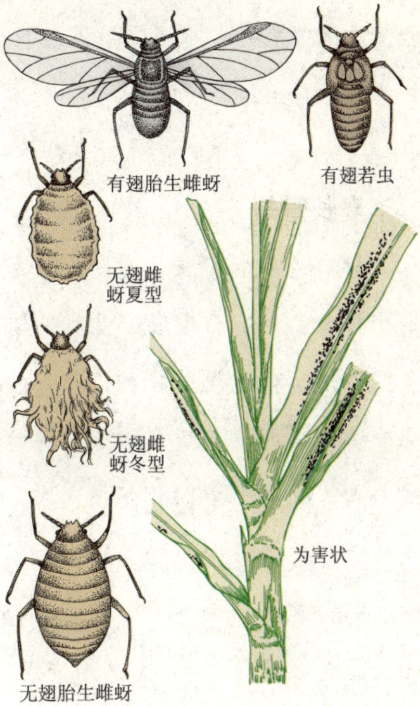

甘蔗绵蚜及其为害状

茶二叉蚜

昆虫纲同翅目蚜科一种，茶树芽叶害虫。又称橘二叉蚜、可可蚜。中国各茶区均有分布，斯里兰卡、俄罗斯、日本亦有发生。除危害茶树外，还危害油茶、咖啡、柑橘、可可等植物。茶二叉蚜聚集于芽梢嫩叶背面，刺吸危害，致芽叶卷缩，生长停滞；并排泄蜜露，诱致煤病。一般以春茶受害较重。分有翅蚜和无翅蚜两种。一年发生20余代。当虫口过密，所需养分不足时，即产生有翅蚜迁飞，扩散危害。

防治方法：对茶园进行多次分批采摘，抑制蚜害；重点发生茶园和幼龄茶园，一般在有蚜叶背面平均有蚜虫20头以上、有蚜虫芽梢率10%时，喷施乐果、辛硫磷、拟除虫酯等农药；也可利用天敌异色瓢虫、龟纹瓢虫、大草蛉、中华草蛉、食蚜蝇等进行防治。

麦长管蚜

蚜科昆虫的一种。是麦类大害虫。前期为害叶，后期为害穗，受害叶有褐色斑点或斑块。受害穗千粒重下降。还可传带小麦黄矮病和萝卜黄化病等植物病毒，造成减产。分布于中国、亚洲、东非、欧洲及北美洲。其寄主植物为麦类、稻、甘蔗等禾本科植物。

麦长管蚜的有翅孤雄蚜

无翅孤雌蚜体长3.1毫米。活体草绿至橙红色。背侧面有时有纵行横斑。腹部后几节有横网纹，第8节有背毛4根。触角为体长的0.88倍，第3～6节长度比例为100：62：47：16+94，第3节基部有小环状次生感觉圈1～4个。喙伸过中足基节，末节为后跗节2节的0.77倍。跗节1节毛序3，3，3。腹管长圆筒形，为触角第3节的0.94倍，端部1/4～1/3有网纹。尾片有毛6～8根。有翅孤雌蚜腹部各节有断续褐色中、侧背斑，第1～4节有缘斑，腹管前斑小于后斑。触角第3节有小环状次生感觉圈8～12个，在基部2/3排成一行。

麦长管蚜在冬麦区大都以孤雌蚜成虫和若虫越冬，雌、雄性蚜偶见。在北方春麦区雌、雄性蚜常见曾发现以受精卵越冬。盛夏常迁飞到山区、河套或平原地区的阴凉处所禾本科杂草上越夏。

棉蚜

昆虫纲同翅目蚜科的一种。又名瓜蚜。棉花和瓜类等的重要害虫。中国新疆棉区为害棉花的还有棉长管蚜、苜蓿蚜和拐枣蚜。全世界分布。中国各棉区均有发生，以黄河流域和辽河流域棉区为害较重，除苗期为害外，蕾铃期也能造成为害，称为“伏蚜”。长江流域及华南棉区，苗期蚜害比北方轻，但蕾铃期蚜害常不亚于北方棉区。

繁殖方式有孤雌生殖和两性生殖两种。成蚜多型，形态变化大：越冬卵孵出的第一代蚜虫称为干母，体长约1.6毫米，暗绿色。无翅胎生雌蚜，体长1.5～1.9毫米，体色有黄、黄绿、深绿、蓝黑等变化。有翅胎生雌蚜，体长1.2～1.9毫米，体黄色、浅绿或深绿，头、胸黑色，腹部两侧各有3～4个黑斑，腹部背面常有2～3条间断的黑色横带。翅透明镶黄色；无翅产卵雌蚜体长1～1.5毫米，体灰褐、墨绿、暗红或赤褐色。有翅雄蚜体长1.3～1.9毫米，体色变异大，有绿、灰黄或赤褐。若蚜夏季黄绿色或淡黄色，秋季蓝灰色，有翅若蚜的胸部两侧有短小的黑褐色翅芽；卵椭圆形，长0.5～0.7毫米，初产时橙黄色，后变为漆黑色。

棉蚜的寄主植物在中国已记载的约百余种，以鼠李、花椒、木槿、石榴等为主要的越冬寄主；以棉花、瓜类、黄麻、红麻、茄科、苋科等植物为主要的侨居寄主。成、若蚜栖息在叶背用口针刺吸叶液，在刺吸过程中分泌的唾液内常含有从植物组织获得的生长刺激素，可造成棉叶卷缩，棉株生长发育受阻、排泄的蜜露则堵塞气孔，可诱致霉菌着生，妨碍光合作用，秋季还污染棉絮。在蕾铃及其嫩茎上密集为害时，常引起蕾铃脱落，降低产量。

棉蚜在黄河和长江流域棉区每年发生20～30代，以卵在越冬寄主上越冬。次年2～3月孵化为干母，营孤雌生殖2～3代，4～5月产生有翅胎生雌蚜，迁入棉田为害。在棉花上以无翅胎生雌蚜和有翅胎生雌蚜连续孤雌生殖达20多代，每头雌蚜一生可产60～70个后代。若蚜脱皮4次变为成蚜，通过有翅成蚜的迁飞扩大蔓延。在黄河和长江流域棉区，5～8月有翅蚜约有3次迁飞高峰，在辽河流域棉区通常仅1次。晚秋气温降低时产生有翅性母蚜（产生营有性生殖个体的一代蚜虫），飞到越冬寄主上，胎生出无翅产卵雌蚜，与连续迁来的有翅雄蚜交配后，在枝干隙缝和腋芽附近产卵越冬。这种生活史类型被称为全周期型。在云南棉区，棉蚜可终年营孤雌生殖而不以卵越冬。则属于不全周期型。

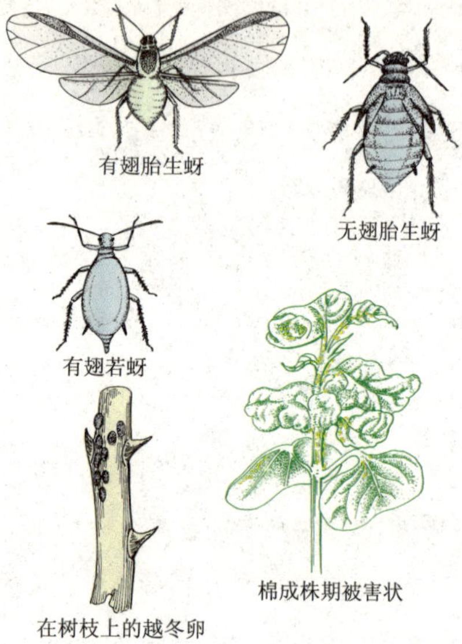

棉蚜及其为害状

影响棉蚜虫口消长较重要的因素为气候与天敌，发生最适宜的温度为16～22℃，相对湿度为75%以下。如4～5月气温高于常年时，棉蚜增殖快，苗期蚜害重。6月下旬至7月份如遇多雨年份，相对湿度高，则蚜霉菌流行，可使蕾期棉蚜虫口急剧下降。天敌有七星瓢虫、龟纹瓢虫、黑襟小瓢虫、蚜茧蜂、草蛉、草间小黑蛛等。

棉花幼苗从出土到3片真叶以前如遭受蚜害，损失最重。在棉花播种时使用内吸性杀虫剂拌种，或以颗粒剂型随种子同步播入土中，可有效控制苗期蚜害。还可适时施用磷胺、久效磷、敌敌畏、敌百虫、甲基对硫磷、氧化乐果等农药。此外利用麦棉套种或麦收后种植生长期短或抗蚜的棉花品种，或采用麦棉邻作的作物布局，可保护利用和增殖天敌，以控制蚜害。在棉田管理上，应避免过多施用氮肥，培育健壮棉苗，并及时将间苗及整枝时剔除的棉苗携出田外。

桃蚜

蚜科昆虫的一种。主要异名有桃赤蚜、桃瘤蚜。多食性。寄主有蔷薇科、十字花科、茄科、锦葵科、旋花科、葫芦科、藜科等数百种植物。分布普遍。为桃、烟草、油菜、芝麻、十字花科蔬菜、中草药和温室植物的大害虫，常造成卷叶和减产。可传带马铃薯卷叶病和甜菜黄花网病等上百科植物病毒。

无翅孤雌蚜体长2.2毫米。活体淡黄绿、乳白色、赭赤色、有横皱或微刺网纹构造。

额瘤显著内倾。腹部第8节有毛4根。触角为体长的4/5，第3～6节长度比例为100 ：80 ：64 ：30+108。喙末节约与后跗节第2节等长。跗节第1节毛序为3，3，2。腹管圆筒形，稍长于触角第3节。尾片有毛6或7根。有翅孤雌蚜腹部第1～2节有横行小横斑或窄横带，第3～6节有一背中大斑，第7～8节皆有横带。第2～4节各有1对缘斑，斑上有缘瘤。第7～8节各有小背中瘤。触角第3节有次生小圆感觉圈9～11个，排成1行。

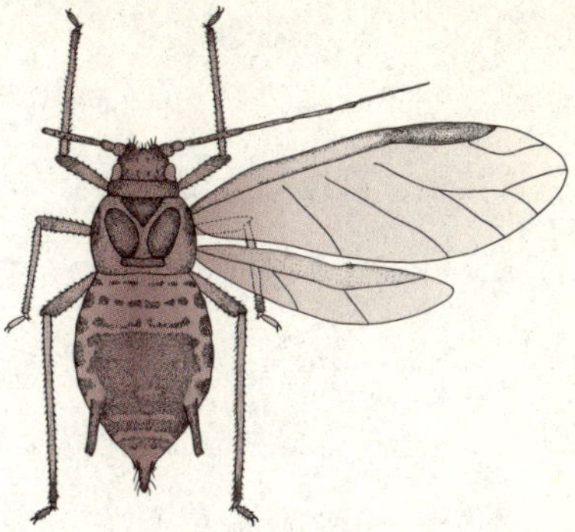

桃蚜的有翅孤雄蚜

在中国北方以受精卵在桃树枝条上越冬。在風障植物、菜窖、温室植物上或在中国南方，以成虫和若虫越冬。每年可以孤雌胎生20余代，秋末发生性蚜，交配产卵越冬。多数世代无翅，每年发生有翅蚜4或5次。春季有翅蚜从桃树迁飞到烟草和蔬菜等植物上，夏季发生2～3次有翅蚜，在烟草和蔬菜等植物间扩散，秋末发生有翅性母（雌性蚜之母）和雄蚜从烟草、蔬菜等迁飞到桃树上。

[二、扁蚜科]

同翅目一科。主要分布于东洋界，波及全世界。中国主要分布于华东、华南、西南、华中等热带、亚热带地区，波及华北、东北。体前部常愈合，身体多扁而有粉状被覆物。

体长1.4～2.0毫米，体扁或稍隆起，有蜡孔或蜡片分布于体背、体缘甚至周缘，可分泌蜡粉或蜡丝。部分种类有外形与粉虱或蚧相似的不活动型，称为粉虱型或蚧型。触角5节，少数3或4节，甚至2节，个别为钉状不分节。头部与前胸相愈合，有些种类头、胸及第1～7腹节相愈合为前节，仅第8腹节独立。复眼由

3 小眼面组成。腹管环状。表皮光滑至粗糙有网纹或颗瘤。有翅型触角 5 节，次生感觉圈条状围绕触角。前翅中脉分为 2 支或不分岔，后翅常有 2 斜脉。中胸前盾片狭窄，后端圆，中部不分开，静止时翅平叠于背面。雄性蚜体小型，无翅，有喙，可取食，雌性蚜可产卵数粒。

大都营同寄主全周期或不全周期生活。寄主植物为禾本科尤以竹类、山毛榉科、安息香科、樟科、金缕梅科、菊科、杨柳科、棕榈科、姜科、槲寄生科及桦科。大都裸露生活，部分种类在虫瘿或畸形卷叶中生活。甘蔗粉角蚜是甘蔗的重要害虫。许多种类是竹类、林木和庭园观赏植物的重要害虫。

[三、蝉]

昆虫纲同翅目的一科。因雄虫发音响亮，俗名知了。全世界约 3000 种，中国 100 余种。

蚱蝉

体粗壮中大型，头部有 3 个单眼，呈三角形排列；触角短小，鬃状；前胸短阔，领状；中胸背板特别发达，后方呈 X 形隆起；翅膜质，脉纹粗；前足开掘式；雄虫腹部第 1 节两侧有发音器。

不完全变态；卵产在植物组织内；孵化后若虫钻入土中生活，危害植物根部。若虫的蜕皮可入中药，称“蝉蜕”。成虫生活在植物上，刺吸汁液，危害嫩枝。中国北方常见种类有蚱蝉、蟪蛄、蟪蛄等，南方常见种类有红蝉（红娘子）等。

[四、飞虱科]

昆虫纲同翅目的一科。头喙亚目小型善跳的昆虫，后胫末端具大距。分2个亚科。有害种类多属于片距飞虱亚科的飞虱族。有150余属近2000种。中国有50余属约200种。全部植食性，很多种生活于禾本科植物，成为农业的重要害虫，如褐飞虱、灰飞虱、白背飞虱等。

有一些种还传播植物病毒病，如稻黑条矮缩病、小麦丛矮病、玉米粗缩病等。飞虱体型小，长多在5毫米以下。触角生于复眼下方的凹陷内，粗大的第2节上具有感觉孔。中胸生有翅基片。前翅两条臀脉在基部合并成“丫”字形。后足胫节末端有一能活动的大距。

卵香蕉形，数粒至20粒排成1条或2条，成块状产于植物组织中。若虫与成虫外形相似，颜面中域额区有2条中纵脊，与绝大多数仅有一脊或一分叉脊的成虫不同。若虫期共有5龄。成虫羽化后经3～5天开始产卵，每一雌虫一生可产卵300～500粒。一般完成一代的时间较短：卵期1～2周，若虫期2～3周，成虫期2～4周。1年发生3～4代以至10代以上。

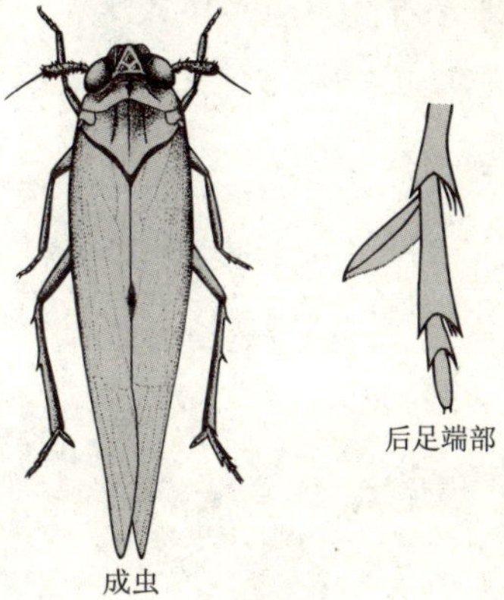

飞虱

大多以卵或若虫越冬。越冬卵产在寄主组织里。若虫则蛰伏于冬季寄主或杂草中，天气转暖便孵化或活动取食。已知有些种（如褐飞虱、白背飞虱等）只能在南方越冬，每年至植物生长季节，由南方向北方飞迁，侵入农田为害。成虫和若虫都刺吸植物汁液。取食禾本科植物的种类多在植株茎秆上刺吸，影响植物的生长，严重时可使叶片发黄，甚至整株干枯和倒伏。成虫和若虫都善走能跳。成虫还可以飞迁，大多有趋光性。

飞虱的一些种类在适宜的环境中，会产生翅比腹部短的短翅型成虫。短翅型飞虱比翅超过腹末的长翅型飞虱生长发育快，繁殖力强。短翅型的出现意味着将发生飞虱之害，这在农业生产中必须注意。

稻飞虱

昆虫纲同翅目飞虱科的一类害虫。以刺吸植株汁液危害水稻等作物。常见种类有褐飞虱、白背飞虱和灰飞虱。

3 种稻飞虱的共同特征是：体型小，触角短锥状。翅透明，常有长翅型和短翅型个体。①褐飞虱。长翅型成虫体长 3.6～4.8 毫米，短翅型 2.5～4 毫米。体色暗褐或淡褐，头部及前胸背板暗褐色，有 3 条隆起线。②白背飞虱。长翅型成虫体长 3.8～4.5 毫米，短翅型 2.5～3.5 毫米。头顶稍突出，前胸板黄白色，中胸板中央黄白色，两侧黑褐色。③灰飞虱。长翅型成虫体长 3.5～4.0 毫米，短翅型 2.3～2.5 毫米。头顶与前胸背板黄色，中胸背板雄虫黑色，雌虫中部淡黄色，两侧黑褐色。

褐飞虱在中国北方各稻区均有分布，长江流域以南各省、自治区发生较烈。白背飞虱分布范围大体相同，以长江流域发生较多。这两种飞虱还分布于日本、

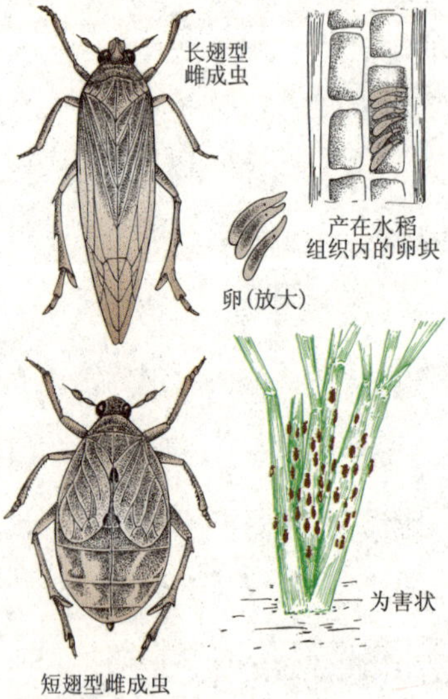

褐飞虱

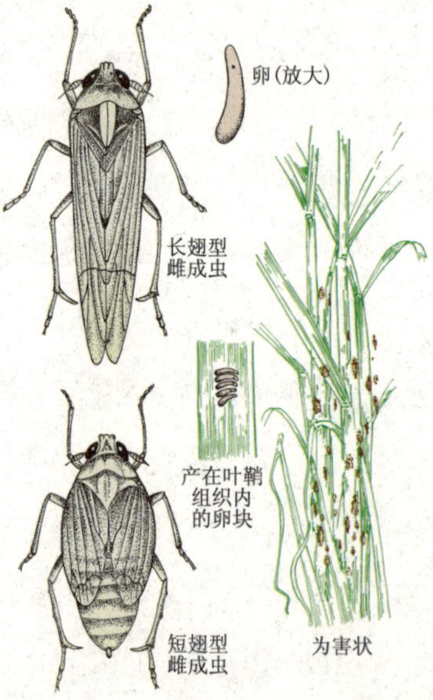

白背飞虱

朝鲜半岛、南亚次大陆和东南亚。灰飞虱以华北、华东和华中稻区发生较多，也见于日本、朝鲜半岛。三种稻飞虱都喜在水稻上取食、繁殖。褐飞虱能在野生稻上发生，多认为是专食性害虫。白背飞虱和灰飞虱则除水稻外，还取食小麦、高粱、玉米等其他作物。

稻飞虱的越冬虫态和越冬区域因种类而异。褐飞虱在广西和广东南部至福建龙溪以南地区，各虫态皆可越冬，越冬的北线在北纬23°～26°，长江以南各省年发生4～11代。白背飞虱在广西至福建德化以南地区以卵在自生苗和游草上越冬，越冬北限在北纬26°左右，每年发生3～8代。灰飞虱在华北以若虫在杂草丛、稻桩或落叶下越冬，在浙江以若虫在麦田杂草上越冬，在福建南部各虫态皆可越冬。华北地区每年发生4～5代，长江中、下游5～6代，福建7～8代。田间为害期虽比白背飞虱迟，但仍以穗期为害最烈。

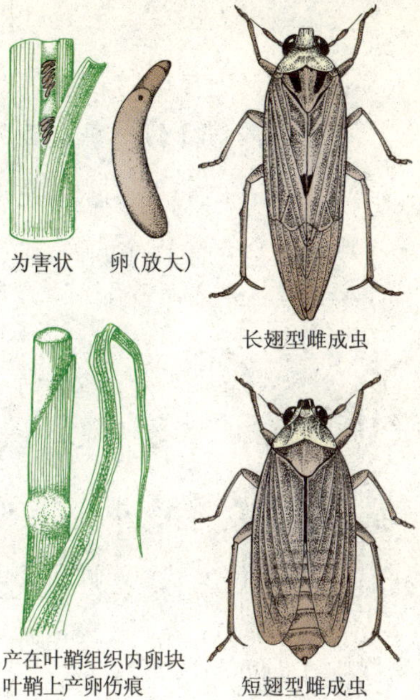

灰飞虱

稻飞虱长翅型成虫均能长距离迁飞。对水稻的为害，除直接刺吸汁液，使生长受阻，严重时稻丛成团枯萎，甚至全田死秆倒伏外，产卵也会刺伤植株，破坏输导组织，妨碍营养物质运输并传播病毒病。

防治措施有：①选育抗虫品种。充分利用国内外水稻品种抗性基因，培育抗飞虱优质、丰产品种和多抗品种，因地制宜推广种植。②栽培管理上实行同品种连片种植，对不同品种或作物进行合理布局，避免稻飞虱辗转为害。同时要加强肥水管理，适时适量施肥和适时露田，避免长期浸水。③保护天敌。在农业防治基础上科学用药，避免对天敌过量杀伤。④药剂防治。根据虫情测报，掌握不同类型稻田飞虱发生情况和天敌数量，及时在早发田和发生中心喷洒叶蝉散、速灭威、马拉硫磷等农药。

[五、叶蝉科]

昆虫纲同翅目的一科。后胫有刺2列，后足基节伸达腹板侧缘，是头喙亚目中小型善跳的大类。因此科昆虫多为害植物叶片而得名。全世界共有1万多种，中国已发现1000多种。

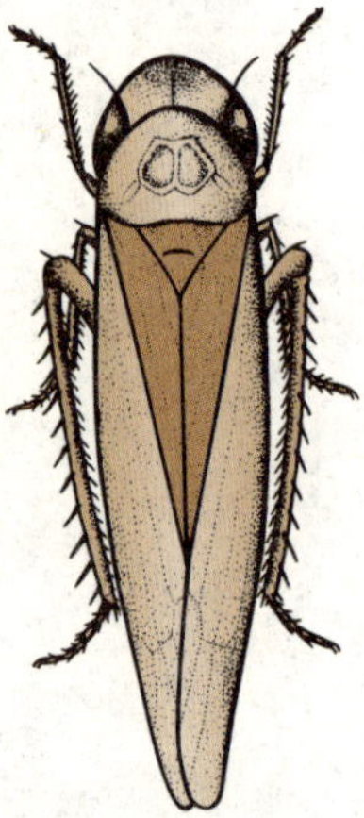
叶蝉科成虫形态

此科昆虫体小，长仅3～12毫米。外形似蝉，触角粗大的第2节上无感觉孔。中胸无翅基片，前翅2条臀脉在基部不合并。单眼2或缺。特别是后足胫节有棱脊，上生刺毛，其中有2排粗大而明显的刺，这是区别相近种类的重要特征。

此科昆虫均以植物为食，很多种是农林业的重要害虫，如大青叶蝉、黑尾叶蝉、白翅叶蝉、小绿叶蝉、菱纹叶蝉等。有些种类还传布植物病毒病，如稻普通矮缩病、桑萎缩病、小麦红矮病等。

叶蝉的卵长椭圆形，中间微弯曲，单个或成块产在叶片表皮下、叶脉中或枝干皮层里。若虫与成虫外形相似，共5龄。雌虫一生可产卵数十粒至100余粒不等。卵期10天左右，若虫期20天上下，成虫寿命长短不一。每年发生数代，最多可达10余代。

通常以成虫或卵越冬。在温暖地区，冬季可见到各个虫期，而无真正的冬眠过程。越冬卵也产在寄主组织内。成虫蛰伏于植物枝叶丛间、树皮缝隙里，气温升高便活动。成虫和若虫均刺吸植物汁液。叶片被害后出现淡白点，而后点连成片，直至全叶苍白枯死。也有的造成枯焦斑点和斑块，使叶片提前脱落。成、若虫均善走能跳，成虫且可飞动离迁。若虫取食倾向于原位不动，成虫性活跃，大多具有趋光习性。

叶蝉科是一个大科，多数学者将其提升为叶蝉总科，下分为17个亚科或科。其中以大叶蝉亚科、小叶蝉亚科和殃叶蝉亚科与农、林业生产关系密切。

稻叶蝉

昆虫纲同翅目叶蝉科的一类害虫。又称稻浮尘子。以成虫和若虫刺吸稻株汁液为害。主要种类有：①黑尾叶蝉。成虫体长 4～6 毫米，黄绿色，头冠两复眼间有一黑色横带，前翅绿色，雄虫翅端、胸部和腹部腹面黑色，雌虫则为淡褐色。中国各稻区均有分布，长江流域发生尤多，也见于亚洲其他地区和非洲。寄主植物为稻、麦类、茭白、甘蔗、稗、看麦娘等。成虫和若虫群集稻茎基部刺吸汁液，严重时全株枯死。抽穗灌浆期在穗部和叶片上刺吸。还传播病毒病，如普通矮缩病、黄矮病和黄萎病，并可诱发菌核病。在河南信阳，1 年发生 4 代，湖南发生 1 年 6 代，广州发生 1 年 8 代。天敌主要有褐腰赤眼蜂和叶蝉缨小蜂以及多种蜘蛛等。②白翅叶蝉。寄主植物与黑尾叶蝉同，成虫体长 3.5 毫米，头、胸部橙黄色，前翅白色有虹彩，腹部腹面黄色。长江流域 1 年发生 3～4 代，华南发生 4～6 代，山区和半山区发生，为害较重。

防治措施：铲除杂草减少虫源；采用丰产抗性品种，减少不同品种混栽；加强肥水管理；保护天敌，苗期可放幼鸭啄食；在秧田和早插晚稻田（边行）施用叶蝉散、乐果、马拉硫磷、害扑威等农药。

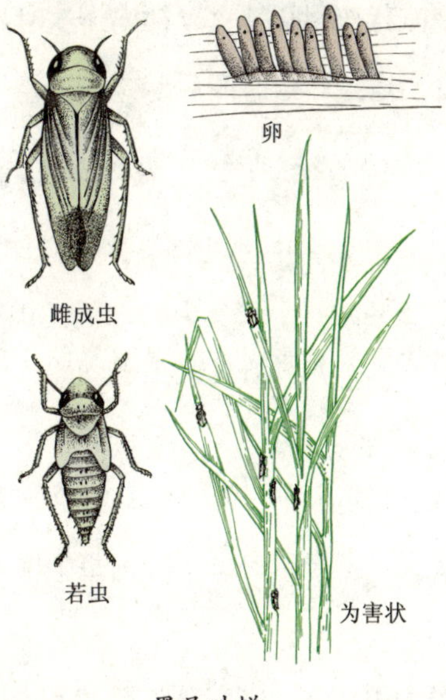

黑尾叶蝉

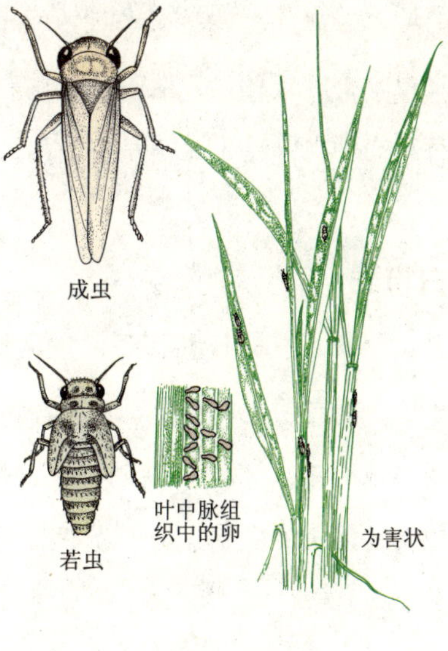

白翅叶蝉

[六、粉虱]

同翅目粉虱科昆虫的统称。粉白色，体脆弱。翅脉序简单，若虫阶段后期呈静止状态。其中许多种类是农、林、果树、观赏植物和蔬菜的重要害虫。其中为害比较严重的有樟粉虱、黑刺粉虱、橘黑粉虱、橘绿粉虱和白粉虱等。

小型，体长1～3毫米。翅展约3毫米，雌、雄成虫皆有翅。喙3节，复眼的小眼群常分为上、下两部分。翅2对，翅脉简单。腹部第1节常柄状，第8节常背板狭，膜质。腹部第9节背面有管状孔，中间是第10节的背板，称为盖瓣和一管状的肛下板，称为舌状器。此一构造是粉虱科幼虫与成虫的最大特点。

渐变态。卵具柄，柄插在植物的组织里，使卵附着在植物上，并能给卵输送水分。若虫期4龄。第1龄若虫具眼1对，触角4节，有尾须，足短而发达，能随处迁移，以便寻找合适的寄主部位，尽快取食。1龄若虫蜕皮后，失去触角和尾须，足也退化，虫体开始固定在植物上取食，进入2龄。2龄若虫蜕皮后进入3龄，此时期虫体明显增大，取食量增多，分泌蜜露，为害植物加重。3龄若虫蜕皮后进入4龄，或称前蛹期。蛹在其4龄蜕皮壳内发育，体型扁平且逐渐加厚，体表构造清晰，外翅芽出现。羽化时，成虫从蛹壳背部裂开处直立钻出，这时翅尚未完全发育，不能飞翔，只能敏捷地爬行取食。需经一定时间后，方能正常飞行。但也有某些种类只经3龄就完成发育。

白粉虱

昆虫纲粉虱科的一种。蔬菜和观赏植物的重要害虫之一。中国北起大庆，南到石家庄，西起兰州、西宁，东到济南均有分布。

白粉虱蛹壳卵形或长椭圆形，长约1.64毫米，宽约0.74毫米。淡黄色半透明或无色透明，有时蛹壳大小变化很大；背盘区中央稍向上隆起，整个蛹壳面覆盖白色棉状蜡丝。

环境适合时，约1个月完成1代，1年可发生10代以上。一雌可产40～50粒卵。

雌成虫有选择嫩叶集居和产卵的习性，随着寄主植物的生长，成虫逐渐向上部叶片移动，造成各虫态在植株上的垂直分布，常表现明显的规律。新产的卵绿色，多集中在上部叶片，老熟的卵则位于稍下的叶片上，再往下则分别是初龄幼虫、老龄幼虫，最下层叶片则主要是伪蛹和新羽化的成虫。

白粉虱作为温室害虫的报道，已约有130年的历史。有50多个国家记载这一害虫，被取食植物近100科。由于吸食寄主植物的汁液，因而引起叶片枯黄、萎蔫、生长衰弱甚至枯死。此外，由于成虫和幼虫分泌大量蜜露，导致植物煤污病的发生而严重污染果实和叶片，影响植物的正常呼吸和光合作用，久之造成减产和降低蔬菜、果实的质量，影响观赏植物的观赏价值。中国寄主植物可达150种以上，其中包括蔬菜、花卉和药材等。天敌丽蚜小蜂对之寄生率较高。用溴氰菊酯防治，常有良效。

温室白粉虱

昆虫纲同翅目粉虱科一种。害虫。又称温室粉虱。危害蔬菜和观赏植物。原产于北美西南部，后传入欧洲，现广布世界各地。寄主植物达600种以上，包括多种蔬菜、花卉、特用作物、牧草和木本植物等，尤偏嗜黄瓜、番茄、烟草、茄子和豆类。

成虫体长0.95～1.4毫米，为小型昆虫。体色淡黄白到白色，有翅。体被白色蜡粉。成、若虫聚集寄主植物叶背刺吸汁液，使叶片退绿变黄、萎蔫甚至枯死；成虫、若虫所排蜜露污染叶片，影响光合作用，且可导致煤污病及传播

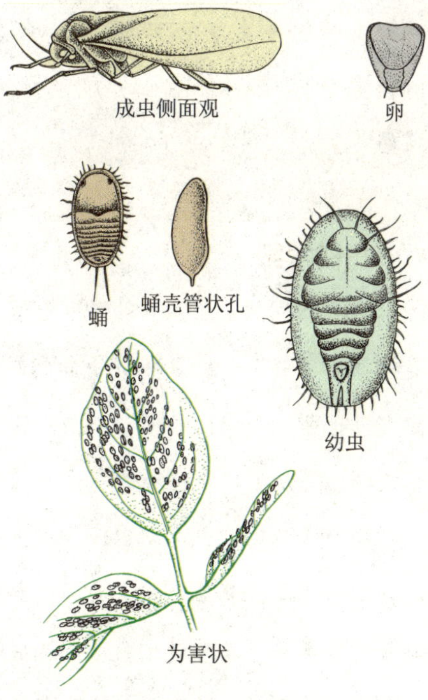

温室白粉虱及其为害状

多种病毒病。除在温室等保护地为害外，对露地栽培植物为害也很严重。温室条件下每年发生十余代。早春由温室向外扩散，在田间点片发生。防治措施主要有：对繁殖材料实施检疫；注意田园卫生，严格防止虫源侵入保护地；前茬作物收获后，用敌敌畏熏蒸温室；用乐果、马拉硫磷、溴氰菊酯等农药喷洒或采用烟雾法杀灭成虫；释放天敌中华草蛉或丽蚜小蜂等；也可用赤座霉菌等防治。

[七、木虱科]

昆虫纲同翅目一科。通称木虱。体小型，活泼，能跳。头短阔。有复眼，单眼3个。触角细长，10节。喙3节。前胸小，中胸背板大。前翅有1条3分支的脉纹，每支再分叉。后足基节腹面有1疣状突起；胫节有端刺；跗节2节；有中垫。渐变态。幼虫体极扁，体表覆被蜡质分泌物。

木虱科多危害木本植物，重要的有危害梨树的中国梨木虱和危害桑树的桑木虱等。

柑橘木虱

昆虫纲同翅目木虱科一种。柑橘害虫。是传播柑橘黄龙病的媒介。分布于东南亚、印度、巴西、沙特阿拉伯和中国的西南、华南、华东等地。成虫体长约3毫米，全体青灰色而有褐色斑纹，体被白粉。成虫和若虫在柑橘嫩梢幼叶新芽上吸食为害，导致嫩梢幼芽干枯萎缩、新叶畸形卷曲。若虫的分泌物常引致烟霉病。华南地区1年发生8～11

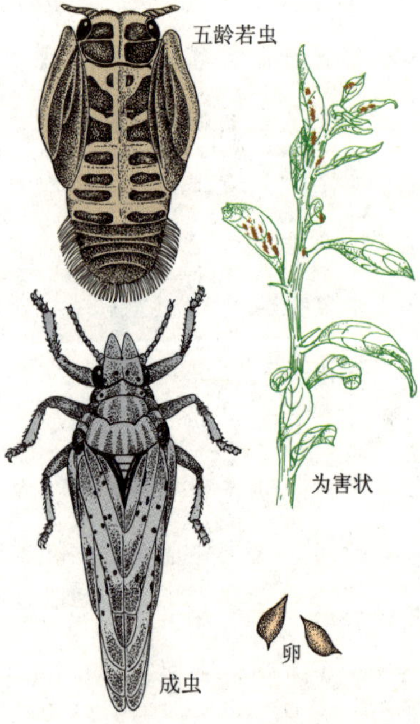

柑橘木虱及其为害状

代。成虫分散在叶背或芽上栖息吸食，能飞会跳。

中国常见的柑橘木虱的天敌有六斑月瓢虫、双带盘瓢虫和异色瓢虫等，均捕食若虫。若虫寄生蜂以印度的一种姬小蜂寄生率较高。防治措施：种植防护林，以增加果园荫蔽度，使其不适于木虱发生；挖除病树或弱树，减少虫源；加强栽培管理，使枝梢集中抽发整齐，以减少产卵繁殖场所；在木虱发生的嫩梢抽发期，喷洒易卫杀、乐果等农药。

中国梨木虱

昆虫纲木虱科一种。分布于中国辽宁、河北、山东、内蒙古、山西、宁夏、陕西。体长2.5～3毫米，翅展7～8毫米。黄绿色、黄褐色、红褐色或黑褐色。额突白色，复眼黑色。触角褐色，末端2节黑色。胸部有深色纵条。足色较深。前翅端部圆形，膜区透明，脉纹黄色。害虫。常群集为害梨树的嫩芽、新梢和花蕾。

桑木虱

桑木虱外形

昆虫纲木虱科的一种。体长3.5～4毫米，翅展8～9毫米。黄绿色、黄红色或黑褐色。复眼黑褐色。触角黄褐色，4～8节末端和9～10节黑色。胸部背面隆起，有污黄色或灰白色条纹。前翅长椭圆形，灰白色，半透明，多暗褐色斑点，有时翅的中部和端部有黑褐色带纹；翅脉的第2枝有3～4个再分支。腹部各节有黑褐色横带。幼虫腹部末端附有长的蜡丝。中国分布于浙江、四川，为害桑树。

[八、根瘤蚜]

同翅目根瘤蚜科昆虫的统称。微小，翅平置背面，无腹管的蚜虫。主要分布于全北界，波及其他地区。中国已知仅 4 种，分布于东北、华北、西北、西南及华东的局部地区。

体长 1 毫米左右。体表无或有时有蜡粉。无翅蚜及幼蚜，触角 3 节，只有 1 个感觉圈。眼只有 3 小眼面。头部和胸部之和大于腹部。尾片半月形。缺腹管，罕见有产卵器。有翅蚜触角 3 节，只有 2 个纵长感觉圈。前翅有 3 斜脉：1 根中脉和 2 根共柄或基部接近的肘脉，后翅缺斜脉。静止时翅平叠于背面。中胸盾片不分为两片。性蚜无喙，不活泼。孤雌蚜和雌性蚜均卵生。

此科蚜虫大都营同寄主全周期生活，少数为异寄主全周期。寄主为栎属、山核桃属，乃至葡萄、梨、柳等。在虫瘿中或裸露生活。以卵或以若虫越冬。

此科中葡萄根瘤蚜是世界性害虫，被列为危险性检疫害虫。梨黄粉蚜是重要果树害虫。

此科与球蚜科同样具有卵生，复眼有 3 小眼面等原始特征，也是较原始的类群。起源于古生代二叠纪。但此科化石蚜虫泰梅尔石蚜属及替石蚜属发现于俄罗斯泰梅尔半岛的中生代白垩纪地层。具产卵器的化石蚜虫侏罗蚜属及祖石蚜属则发现于侏罗纪的哈萨克斯坦和英国的侏罗纪地层。而前翅两肘脉共柄的化石蚜三叠蚜则发现于三叠纪的昆士兰克罗斯比山。

葡萄根瘤蚜

昆虫纲同翅目根瘤蚜科的一种。葡萄害虫。危害葡萄根部和叶片。原产北美东部，世界性分布。19 世纪末由法国传入中国山东烟台，其后在辽宁、陕西及台湾局部发生。是国际重要检疫对象。

葡萄根瘤蚜食性单一，仅以葡萄属植物为寄主。被害根部变褐腐烂，植株发育不良，产量显著降低。成虫依寄生部位不同分为根瘤型和叶瘿型。根瘤型成虫体长 1.2～1.5 毫米，淡黄褐色，长卵形，体背有许多瘤状突起。叶瘿型成虫体长约 1 毫米，黄色，近圆形，体背无瘤状突起。根瘤蚜受精卵在枝上越冬，翌年孵化为干母，危害叶部并在叶背形成囊状虫瘿，在其中产卵。孵化的幼蚜一部分到其他叶上形成二次虫瘿，另一部分入土在根上形成节状根瘤或瘤状突起，如此循环1年发生5～10代，最后入土成根瘤型。中国山东烟台发生的根瘤型，1年发生8代，主要以1龄若蚜在10毫米深处根上越冬，翌年4月以后越冬若蚜以单性生殖产卵，孵化的若蚜危害根形成根瘤。

防治措施：厉行检疫，严禁从疫区调运繁殖材料；对栽植用苗木、插条和接穗用50～52°C温汤杀卵，或用二硫化碳、溴甲烷熏蒸（花芽萌发和果实采收期禁用）进行杀虫处理；选用抗虫品种等。

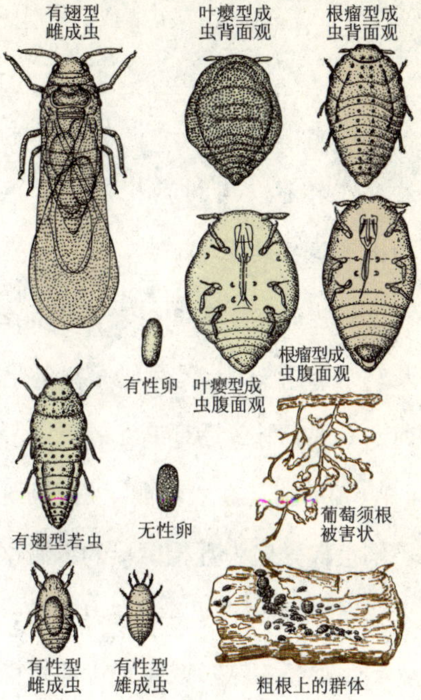

葡萄根瘤蚜及其为害状

［九、沫蝉科］

昆虫纲同翅目一科。全世界已知约2000种，主要分布在热带、亚热带地区。

小到中型，体色多鲜艳。体略呈卵形，背面相当隆起。前胸背板大，但不盖住中胸小盾片。前翅革质，常盖住腹部。爪片上2脉纹通常分离。后翅径脉近端部分叉。后足胫节有1～2个侧刺，端部有2列端刺；第1、2跗节上也有端刺。幼虫腹部能分泌胶液，形成泡沫，盖住身体保护自己，故名沫蝉，又称吹沫虫或吹泡虫。多数为害木本植物；重要的种类，如稻黑沫蝉为害水稻。

[十、球蚜科]

昆虫纲同翅目一科。前翅3脉相互分离,无腹管的蚜虫。主要分布于全北界,波及东洋界、澳洲界及新热带界。在中国主要分布于东北、华北和西北以及西南高海拔地区。

球蚜体长1～2毫米。背面蜡腺常发达,分泌蜡粉、蜡丝覆盖虫体。无翅蚜及幼蚜触角3节,冬型触角甚退化。头部与胸部之和大于腹部。有翅蚜触角5节。前翅有3斜脉,后翅有1斜脉,静止时翅屋脊状。性蚜有喙,活泼,雌性蚜触角4节。孤雌蚜与性蚜均卵生。孤雌蚜与次性蚜有产卵器。大都营异寄主全周期生活,不同世代分化为互相衔接的特有型。原生寄主为云杉类,形成复杂的虫瘿,形同云杉嫩球果。干母生活在虫瘿中,第二代完全或不完全迁移。次生寄主为松、落叶松、冷杉、铁杉或黄杉等,蚜裸露生活。大都2年一个生活周期。有些种类在次生寄主上营不全周期生活。每年发生2～3代或4～5代。大都以1龄干母在云杉属上或以1龄冬停育型在次生寄主上越冬。为害云杉类幼梢,形成虫瘿,引起树干变形。为害其他针叶幼树,使生长速度大幅度降低。是云杉、红松、红杉和落叶松的重要害虫。

球蚜是蚜虫类中最原始的类群,具有卵生、复眼有3个小眼面等原始特征。所有种类都专化于松柏纲植物。起源于松柏纲植物转变成为重要植物区系成分的古生代石炭纪至二叠纪。

[十一、瘿绵蚜]

同翅目瘿绵蚜科昆虫的统称。前翅4斜脉,触角次生感觉圈长条状,腹管多为短环状,体被棉絮状蜡粉或蜡丝的蚜虫。主要分布于全北界及东洋区,波及其他区。中国主要分布于东北、华北、西南、华东,波及全国各地。

体长1.5～4.0毫米。蜡腺常发达，分泌蜡粉、蜡丝覆盖虫体。触角5或6节，有时4节，末节端部甚短，无翅蚜和若蚜复眼3小眼面。腹部常大于头部与胸部之和。腹管环状、截圆状或缺。尾片、尾板宽半月形。有翅蚜触角次生感觉圈条形环绕触角或方形、短条形、长圆形、圆形甚至网状。前翅有4斜脉，后翅2斜脉。静止时翅呈屋脊状。性蚜无翅，缺有功能的喙，不能取食，雌性蚜只产1粒卵。产卵器退化为被毛的隆起。孤雌蚜卵胎生。

营异寄主全周期或不全周期生活，少数种营同寄主全周期生活。原生寄主大都是阔叶灌木或乔木，多在虫瘿内或变形的叶内生活；次生寄主大都是草本植物，仅少数为木本植物，多在根部寄生。

其中麦拟根蚜、菜豆根蚜、苹果绵蚜、秋四脉绵蚜是粮食、棉花、果树和蔬菜的害虫。角倍蚜则是益虫，其虫瘿称五倍子或角倍，是著名中药；又是重要化工原料、重工业钻尖原料和防锈剂、稀有金属沉淀剂和分析剂，以及航天燃料的稳定剂。

[十二、角蝉科]

昆虫纲同翅目一科。此科昆虫统称角蝉。小型至中型。单眼2个，位于复眼间。触角鬃状。前胸背板极度发育，有各种畸形和突起，常盖住中胸或腹部。

全世界已知有3000多种，中国有300余种。多为害木本植物，著名的有中华高冠角蝉。角蝉多具拟态，似植物的刺或突起。多数褐色或黑色，也有黄色或绿色的种类。有时有白色或红色的斑纹。

［十三、蜡蝉科］

昆虫纲同翅目一科。体中到大型。单眼着生在复眼的附近或下方，通常在颊的凹陷处。

触角锥状，着生于眼下，3节，梗节膨大如球，多感觉器；鞭节特别细，刺毛状。中足基节长，着生在体的两侧，互相远离；后足基节短，固定不能活动，并互相接触；能跳跃，前翅前缘基部有明显的肩板；前翅爪片上通常有2脉纹，其端部愈合成Y字形。能泌蜡。许多种类具有拟态习性。常见的种类如龙眼鸡、樗鸡、八点蜡蝉等。

［十四、胶蚧］

同翅目胶蚧科昆虫的统称。雌虫包埋于胶壳内，前胸气门处常具伸长的“臂”、足退化、具肛环及尾瘤形状奇特的蚧虫。主要分布于中美、南美、大洋洲、南部非洲和东南亚，其中约40%的种类记载于亚洲南部。经济价值较高的紫胶蚧仅产于中国、印度、缅甸、泰国和越南。在中国已记载有3属7种。

雌成虫体形十分特殊，通常为近似球形、梨形或扁凸形的紫色囊状物。体壁柔软。体外由半球形胶壳包围。胶壳由紫、紫红、紫褐、黄褐、橙黄、橘红或黑褐等色。体节几乎全部消失。触角2～5节，呈锥状瘤突或圆柱状，顶端常生有数根刚毛。胸气门2对。肛门有发达的肛环，肛环具孔和肛环刺10根，并被包围于尾瘤之下。虫体体面分布有管状腺、五孔腺和多孔腺。多孔腺分布于阴门周围，称为围阴腺。围阴腺在尾瘤之后的腹面排成2纵列，每列又结成大小不同的群落。有的类群无围阴腺。

该类的重要代表是著名的紫胶蚧（俗称紫胶虫）。胶蚧类雌成虫能分泌大量树胶质覆盖物。如紫胶蚧所分泌的紫胶是国防工业和其他一些工业的重要原料。

但有些种类的胶质很坚硬，目前还难以利用；有些种类则是经济树种和观赏植物的害虫。

紫胶蚧

昆虫纲胶蚧类一种。俗称紫胶虫。可生产紫胶。中国早在东汉明帝永平十一年（公元68）已有关于云南生产紫胶的正式记载。中国具有养殖紫胶虫的热带和亚热带的自然条件，云南、广东、广西、福建、四川、贵州、湖南、台湾均已成为重要的紫胶产区。

雌成虫略呈萝卜形或梨形，虫体大小变化较多。雌成虫个体胶壳为半球形或扁球形，壳背面较为平坦，中部有3个分泌白蜡丝的孔，前侧臂和其顶上的臂板，后一个为肛瘤的肛口。紫胶蚧通常1年发生2代。已知全世界有35科约350种植物可供紫胶蚧寄生，由于紫胶蚧对寄主植物有较强的选择性，在生产上常用来放养紫胶蚧的树种不过40多种，中国紫胶蚧养殖区最常使用的树种有钝叶黄檀、思茅黄檀、南岭黄檀、火绳树、木豆、合欢、气达榕和哈氏榕等。

紫胶蚧分泌的紫胶是一种天然树脂，含有紫胶树脂、紫胶蜡、紫胶色素、少量糖类、盐类和蛋白质，被广泛应用于军事工业的涂饰、绝缘、黏结；民用工业的电气、油漆、塑料、橡胶、印刷、皮革、食品和医药等方面。世界各国对紫胶采取综合利用，如从紫胶中提取出食用色素或用紫胶进行蛋白质纤维和聚酰胺纤维的染色；用紫胶蜡制成水果蜡，以保持果品蔬菜的新鲜和延长其储存期。

[十五、蜡蚧]

同翅目蚧总科蜡蚧科昆虫的统称。已知约130属782种。中国已知约75种，分布较广，其中30余种是农、林、果树和观赏植物的常见害虫。白蜡蚧（白蜡虫）是重要的益虫，所产白蜡是工业、医药和日常生活用品的重要原料之一，在经济上占有重要地位。

蜡蚧雌成虫大小不一，呈球、半球、扁草帽形等；有的虫体外被覆很厚的蜡质层，呈粉状、玻璃状，或白色、棕褐色壳状。头、胸、腹合并，体节几乎完全消失。触角 6 ～ 9 节或退化；眼小或缺；足很小。腹部末端有长短不等臀裂，肛门位于臀裂的基部，并有一对肛板掩护。蜡腺有圆盘状腺和管状腺。营固着生活。雄成虫有翅，平衡棒有各种类型；触角 10 节；单眼 4 ～ 12 个；足长而发达。腹部两个蜡腺孔分泌出两根长的白色蜡丝。蜡蚧中有些种类产卵期分泌粉状或棉状蜡质分泌物形成卵囊，但另外一些种类不分泌卵囊，卵产在腹面向背收缩后形成的空腔内。蜡蚧的生殖方式有孤雌生殖和有性生殖。

红蜡蚧、橘绿绵蜡蚧是柑橘栽培的重大危险性害虫，在中国各柑橘产区普遍发生；日本蜡蚧分布在中国北方，严重危害枣；褐软蜡蚧则严重危害药用植物萝芙木。对蜡蚧类害虫的防治多采用化学药剂法，主要的农药如敌敌畏、乐果、氧化乐果、石油乳剂、石硫合剂等。

[十六、硕蚧科]

昆虫纲同翅目蚧总科一科。此科动物通称硕蚧。有各种大型或微小蚧虫。全世界已知约 76 属 307 种，中国已知约 14 属，26 种。世界广布，在寒带或温带适宜的纬度上有些种类猖獗为害；在中国分布于北方各地。

硕蚧雌成虫大小变化多样，大多数种类体型较大，也有体长仅几毫米的小型种类。通常体节明显；触角发达；足正常或退化。腹气门 2 ～ 8 对。腹气门的存在是本类蚧虫的重要分类识别特征，但也有少数种类腹气门退化。通常具腹裂 1 ～ 6 个。肛门有发达的肛筒。如无肛筒，则肛门全部或局部为多少硬化的环所包围。背腹两面常具圆盘状腺，构造多样；无管状腺。虫体具许多刺或发达的毛。雄成虫具单眼和复眼，有的种缺复眼。翅一对，平衡棒具各种形状；有的种翅和平衡棒皆退化。大多数种类在腹部倒数第2节具有成群或成列的管状腺，生活着的雄成虫由此腺体分泌出一束或数束白色蜡质尾丝。这类蚧虫有一部分生活在地下，寄生于植物根部。若虫期分泌蜡质物结成包囊，包囊常具色彩，酷似珍珠，故有珠蚧之称。古时，拉丁美洲、大洋洲和南非的许多土著以此制成各种装饰品。多数种类生活在地上，有些种类若虫期生活在地下，成虫期出土，到地面上活动。

松干蚧

同翅目珠蚧科一类昆虫。若虫期在松树枝、干上寄生为害。可使松针枯黄，芽梢枯萎，树干弯曲，并造成次期性病虫侵袭，致使大片松林死亡。

已知分布在中国的有日本松干蚧、云南松干蚧、马尾松干蚧、海松干蚧和樟子松干蚧5种。雌雄异型。雌成虫为卵圆形或长椭圆形，橙褐色，口器退化，触角为念珠状。雄成虫一般为黑褐色，复眼大而突出，口器退化，触角丝状。

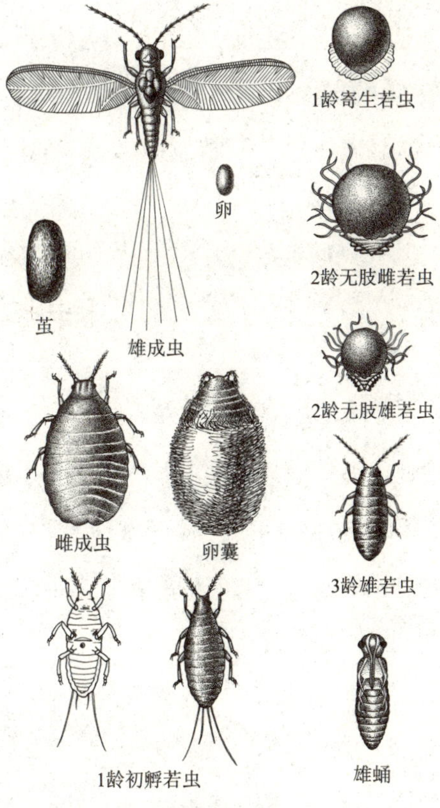

日本松干蚧

松干蚧的寄主仅限于松树。分布于日本、朝鲜半岛和中国的辽宁、山东、江苏、浙江、安徽、云南等地，主要为害赤松、油松、马尾松、云南松、黑松、樟子松、红松。

松干蚧的发生世代因种类而异，有的1年2代，有的1年1代，冬季多以一龄寄生若虫越冬，有的则无明确的越冬虫态。各代的发生时期，因各地气候不同而有差异。成虫一般在晴天羽化的数量多，除云南松干蚧行孤雌生殖外，其他均为两性生殖。雌成虫羽化交尾后，多潜于翘裂树皮下，分泌蜡丝，包被虫体形成卵囊，产卵于其中。每头雌虫产卵量，多者200～300粒，少者100粒左右。

若虫孵化后，一般活动一天左右即于树皮缝隙内的皮层上固定寄生。三龄雄若虫于枝桠和翘皮下、地面杂草和石块下等隐蔽处结茧化蛹，羽化为雄成虫。二龄无肢雌若虫脱壳后，即为雌成虫。松干蚧虫体微小，扩散蔓延和远距离传播主要靠风和在林间活动的动物以及人的携带。在中国北方地区，早春的低温和初夏的干旱能造成若虫的大量死亡。寄主的受害程度，与树种、种源、树龄及树皮的结构有关。一般树皮薄、裂隙多、养料和水分适宜的树种，寄生的虫口密度大，受害严重。

松干蚧的防治要以营林为基础，采取综合防治措施。对长势好、虫口密度小的松林，及时进行修枝、间伐；对被害严重的松林有计划地进行营林改造，适当补植阔叶树。用内吸性化学药剂防治。另外，保护天敌，人工助迁或饲养繁殖释放异色瓢虫、隐斑瓢虫或蒙古光瓢虫等，对抑制松干蚧有较好的效果。松干蚧是中国的植物检疫对象之一，要加强检疫，防止传播蔓延。

[十七、盾蚧科]

同翅目蚧总科的一科。雌成虫多被盾状介壳覆盖，介壳与虫体分离。腹端具臀板。肢体极退化的小形蚧虫。本科昆虫通称盾蚧。种类繁多，遍布全世界，已知约448属2400余种。寄生于各种乔木、灌木和草本植物，是林业、果树、经济作物和观赏植物的重要害虫类群。大多数种类寄生于植物的茎、枝、梢、叶和果实上，少数种类还能寄生在根部和地下茎部分。中国已知约83属320余种。

盾蚧常被蜡质介壳覆盖，因圆形介壳很似“盾牌”因而得科名。有些种类雌雄的盾壳完全不同：雌虫盾壳由蜡液凝成片状，若虫蜕皮在蜡片的中央或边缘；雄虫盾壳由蜡粉结成长筒形，背面常有纵沟，若虫蜕皮在盾壳前端。有些种类雌雄的盾壳完全相同，但雌虫盾壳上有2个若虫蜕皮，而雄虫盾壳上只有1个若虫蜕皮。还有些种类没有由分泌的蜡质凝成的盾壳，而是依靠若虫的最后一次蜕皮，雌成虫就潜在若虫蜕皮内产卵繁殖。这类盾蚧的雌雄虫体完全不同：雌虫所在的若虫蜕皮远大于其1龄若虫蜕皮，除若虫蜕皮外，没有蜡质物参与组成盾壳；雄虫则有白粉状蜡质分泌物形成的筒状盾壳，壳的背面常有纵沟或纵脊，而且在寄主植物上常聚集成群分布。

雌成虫虫体常为圆形和长形。前部常由头、前胸、中胸组成，有时由头、胸部和第1或1、2腹节共同组成，这一部分常为虫体的宽大部分，其余则短而小分节明显。有的种类整个虫体不分节。

腹部末端第4～8节或5～8节则形成末端稍尖而且高度硬化的较突出的臀板。第9～11腹节在臀板背面占据很小地位，包围着肛门。臀板边缘生有对称而又形状多变的突起，称为臀叶。在臀叶之间或在最后1对臀叶之前的臀板边缘生有各种形状的刺状突起，称为臀棘。在臀板腹面边缘，特别是臀叶的基部，有的种类具有纵长而且高度硬化的体壁变厚部分，较长的称厚皮棍，短而粗的称厚皮槌。有的种类的臀板上无厚皮棍和厚皮槌。

虫体上分布的泌蜡腺体主要有阴门周腺、管状腺以及开口于臀棘顶端的刺腺和胸气门附近的圆盘腺。阴门周腺是雌虫体腹面围绕着阴门的小而圆形的五孔腺群。臀叶、管状腺和围阴门的阴门周腺是盾蚧科的重要分类特征。

触角退化。足常无或退化成小而坚硬的瘤突。单眼大部缺，有的种类常具刺点或瘤状眼点。口器发达，喙1节近似圆形。前胸气门附近常有成群的圆盘状腺，这也是本科的重要分类特征。

雌虫介壳系由管状腺分泌的细长蜡丝彼此粘合而成，而蜡壳又与1龄和2龄幼虫的蜕皮壳相粘合，这样构成盾蚧科昆虫的介壳。介壳形状和色彩多样，幼虫蜕皮壳在介壳上的位置也有不同。以上均常作为分类的依据。

雄成虫触角丝状，10节。单眼4～6个。大多有翅。交配器狭长。腹部末端常无白色蜡质尾丝。

盾蚧科的分类系统不尽统一，此科可分成 8 个亚科：①雪盾蚧亚科；②长盾蚧亚科；③盾蚧亚科；④牡蛎蚧亚科；⑤白盾蚧亚科；⑥星盾蚧亚科；⑦梨盾蚧亚科；⑧竹圆蚧亚科。盾蚧科的重要种类有：蔷薇白轮盾蚧、全瓣臀凹盾蚧、山茶蛎盾蚧、长蛎盾蚧、桑盾蚧、矢尖盾蚧、黄圆蹄盾蚧、糖片盾蚧等。

梨圆蚧

昆虫纲同翅目盾蚧科的一种，果树害虫。国际检疫对象。中国分布于东北、华北、西北各地。寄主植物有梨、苹果、花红和部分核果树。雌成虫体鲜黄色、扁圆形，长 0.8～1 毫米。雄成虫体橙黄色，有翅一对。雄虫体长约 0.6 毫米，介壳长椭圆形，壳点在介壳的前端。在辽宁南部、山东、陕西梨树上 1 年发生 2 代，苹果树上 3 代，主要以二龄若虫及少数受精雌虫在寄主枝条上越冬，翌年继续发育为害，雌雄成虫于 4～5 月交尾后，每雌产若虫百头左右。有孤雌生殖现象。初生若虫在寄主枝条、果实适宜处固定刺吸汁液为害，并分泌蜡丝形成介壳，寄主受害严重时枯死。天敌主要有梨圆蚧普乐蚜小蜂和短缘毛蚧小蜂，以及红点唇瓢虫等。防治措施除利用天敌外，还包括严格执行检疫制度，防止随苗木、接穗传播；在果树休眠期喷洒石油乳剂并结合修剪枝条消灭越冬虫源；在一龄若虫扩散期，喷洒乐果或害普威等农药。

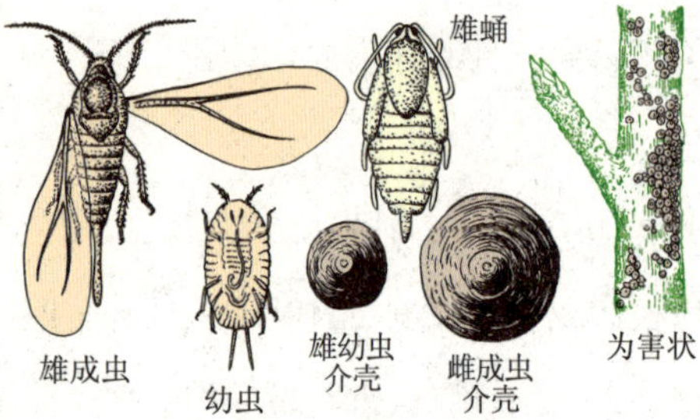

梨圆蚧及其为害状

桑盾蚧

昆虫纲盾蚧类的一种。分布广泛，几乎遍及全中国。但在辽宁、内蒙古、新疆、河北、山东、江苏、浙江、河南、山西、陕西、宁夏、四川、云南、湖南、湖北、广东、安徽更为常见。在欧洲、亚洲、非洲、美洲、大洋洲均有记载。雌成虫体圆形。臀板较尖。臀叶3对，第1对较大，接近三角形而显著硬化，基部会合，外侧边有锯齿状凹刻，内缘常有凹刻，端部钝圆；第2和第3对臀叶均分为2叶片，较小而不显著，臀棘发达，刺状。有的臀棘其端部稍有分枝，沿臀板边缘和腹部两侧边分布较多。管状腺具两圈硬化环。背腺较大，常排成4列。缘腺7对。阴门周腺5群。雌虫介壳常为灰白色或白色，蜕皮壳略带橘红色，位于介壳中部。雄虫介壳白色，蜡质状，蜕皮黄白色，位于前端。

桑盾蚧是杂食性害虫，全世界已知其寄主植物多达120个属。在亚洲地区常见为害苏铁、银杏、棕榈、臭菘、芭蕉、木麻黄、杨、柳、桃、李、杏、梅、梨、朴树、榆、山毛榉、山茶、茶树、胡桃、番木瓜、枇杷、葡萄、醋栗、白蜡树、柑橘、酸橙、常山树等植物。由于此虫寄主多样而广，繁殖力强，被中国和世界许多国家列为检疫对象。

杨笠圆盾蚧

昆虫纲同翅目盾蚧科一种。又称杨干蚧、杨圆蚧。害虫。成虫和若虫群集于杨树枝干及嫩芽、叶片上吸食汁液，可连续数年为害，常致树木枯死。雌雄异型，雌成虫倒梨形，黄色，体上被介壳，灰白色，壳点位于介壳中心，介壳中部褐色；雄虫橙黄色，介壳椭圆形，灰白色，壳点突出于一端，褐色。分布于中国的西北和东北部，俄罗斯、西班牙、意大利、瑞士、荷兰、土耳其等国也有发生。在黑龙江望奎，1年发生1代，以第二龄若虫越冬，翌年4月开始取食。雄若虫5月化蛹并羽化为成虫。两性成虫5月中、下旬交尾，卵见于6月初至8月上旬，每雌产卵约90粒，6月中旬若虫开始孵化，6月下旬至7月下旬为若虫出现盛期。杨笠圆盾蚧的发生对寄主有选择性，中东杨易受感染，小黑杨、小青杨受害轻，7～9年生树木受害最重。严冬和酷暑均可使部分若虫死亡。

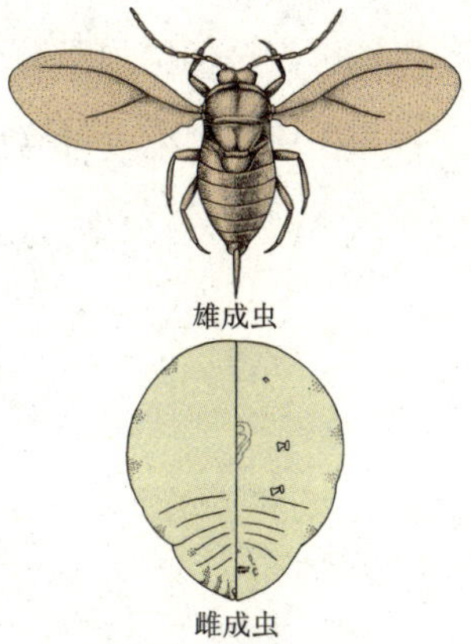

杨笠圆盾蚧形态

主要是以实行苗木检疫，选育抗虫品种，营造混交林，保护利用天敌，树干涂施有机磷混合乳剂或煤焦油等方法进行防治。

[十八、粉蚧]

同翅目蚧总科粉蚧科昆虫的统称。体柔软，体节较明显，体表被白色或乳黄色蜡质覆盖物，酷似白粉披身。全世界已知 246 属 1720 余种，其中有很多是热带和亚热带经济作物的重要害虫，在温带也常危害温室栽培植物。中国已知 68 属 160 余种，分布广泛，西南及南部沿海诸省种类和数量最多。

雌成虫卵圆形，少数长形、圆球形或不对称型。体壁柔软。头、胸部无明显分界，腹部体节明显。足短小或已退化。肛门发达，具孔，生有肛环刺 6 ～ 10 根。泌蜡工作主要由虫体背面体缘分布的刺孔群担负，通常有 18 对。每个刺孔群由大量泌蜡腺组成，有多孔腺、五孔腺、三孔腺、管状腺以及各种类型的小圆孔腺体。少数雌体完全无蜡被而裸露。雄虫成体纤细，头、胸和腹分明。膜质翅 1 对。有的缺膜质前翅和平衡棒。足细长。雄成虫由腹部两个管状腺分泌出两条白色细长并较坚韧的蜡丝。粉蚧的生殖方式为孤雌生殖和有性生殖。

重要种类有：糖粉蚧，在中国南方危害甘蔗；橘鳞粉蚧，为柑橘、茶、番荔枝等的害虫；橘腺刺粉蚧，对柑橘等多种经济作物造成危害；橘小粉蚧危害柑橘类；康氏粉蚧主要危害蔷薇科果树。主要防治方法有检疫法、生物防治、化学药剂防治等，主要的化学药剂有乐果、松脂合剂、石硫合剂等。